安全的种子

爸妈送给孩子的第一部安全手册

（上）

之湄著

民主与建设出版社

图书在版编目（CIP）数据

安全的种子：爸妈送给孩子的第一部安全手册：全
2 册／之湄著 . -- 北京：民主与建设出版社，2017.4

ISBN 978-7-5139-1485-7

Ⅰ . ①安… Ⅱ . ①之… Ⅲ . ①安全教育—青少年读物
Ⅳ . ① X956-49

中国版本图书馆 CIP 数据核字 (2017) 第 070890 号

© 民族与建设出版社，2017

安全的种子 ： 爸妈送给孩子的第一部安全手册
ANQUANDEZHONGZI BAMASONGGEIHAIZIDEDIYIBUANQUANSHOUCE

出 版 人	许久文
作　　者	之　湄
责任编辑	刘树民
封面设计	刘彦华
出版发行	民主与建设出版社有限责任公司
电　　话	（010）59417747 59419778
社　　址	北京市朝阳区阜通东大街融科望京中心 B 座 601 室
邮　　编	100102
印　　刷	北京天恒嘉业印刷有限公司
版　　次	2017 年 4 月第 1 版　2017 年 4 月第 1 次印刷
开　　本	880 mm × 1230 mm　1/32
印　　张	14（全 2 册）
字　　数	400 千字（全 2 册）
书　　号	ISBN 978-7-5139-1485-7
定　　价	78.00 元（全 2 册）

注：如有印、装质量问题，请与出版社联系。

祝福平安

出版社让我看一篇稿子，名字叫《安全的种子：爸妈送给孩子的第一部安全手册》。看到稿子之后我就在猜：作者是个什么人？为什么要写这本书？

作者有十几年的少儿编辑生涯，可能主要是在写儿童文学的作品，但是对孩子的爱，促使她选择来写这本儿童安全书。

这本书中，包含了校园安全、户外安全、心理安全以及居家安全，通过讲故事的方式，让孩子们自己感悟安全的小知识、小经验、小诀窍，我觉得这本书有两个特点：一个是作者可能不是搞犯罪学的，也不是研究公安学的，但是从一个儿童编辑的角度来看儿童安全，这一定有它的独特之处；第二个就是从字里行间，我猜想作者可能是年轻人，我也想了解这位年轻人对安全的认识，对孩子的爱，和心灵深处的那种善良。

生命安全与健康——这个人生列车头上的发动机更需要维护与检修，而且技术要求更高。其难度之一便是教育与接受方式——面对儿童的安全教育，形式上需要润物无声，效果上得内化于心。

孩子们都很纯真，家长们在进行安全教育时，往往不忍明示黑暗、警示危险，总是生硬焦躁地说"你要注意安全""不能动煤气""别吃陌生人给的糖"……对此，孩子们不仅容易排斥，效果也会大打折扣。

孩子们向往美好，他们爱听有趣的故事。这便是"安全的种子"的作用所在：将攸关生命安全与健康的知识，融入一个个鲜活的故事中，孩子们看过、听过后就烙在心底，这些知识将成为他们不断成长中的一种信念和力量。

我知道，有趣的故事写起来并不轻松。因为这每一个故事背后，都或是曾经屡屡发生的不幸事故。而面对那些不幸的最好方式，就是不再让厄运蔓延，不再让其他孩子和家庭承受苦难。

"送你一只小灯笼，平安童谣记心中，记得有人祝福你，默默送你去远行。"当孩子们夜行之时，给孩子的教育就是一只温暖的灯笼，也是他们独自行路的力量。告诉可爱的孩子们，大胆地向前走吧。记住身后有人在默默地祝福他们，有爸爸妈妈、警察叔叔、老师姐姐，和所有善良的人。

中国人民公安大学教授　王大伟

于 2017 年 4 月 18 日夜

目录

第一章 校园篇

一、楼道争霸战

棒棒用手支着下巴，眼睛直勾勾地盯着门，乐乐看到棒棒这副样子，用胳膊碰了碰他。这时，丁零零，下课铃响了，棒棒赶紧蹿出教室。

乐乐是棒棒的同桌，整节课都看着棒棒心不在焉的样子，看到棒棒蹿出教室，乐乐好奇地跟了出去。此时，走廊上热闹非凡，有看风景的，有说话的，有打闹的。咦，棒棒在哪里？

"快给我玩，这次一定要赢过你！"听见棒棒的声音，乐乐赶紧凑过去。

"不给，就不给！"一个小男孩抱着悠悠球死活不放。

"想要？来追啊！"另一个小男孩拉着抱悠悠球的小男孩跑了出去。说时迟那时快，棒棒赶忙追上去。

只见前面两个小男孩游鱼一样在人群中穿梭，还不忘回头挑衅："嘿，来追我啊！"棒棒也不甘示弱，一边拨开前面挡路的人，一边回敬："看我追上你！"

这时，棒棒前方两个一年级的小朋友正在高兴地分享零食呢，乐乐赶紧喊道："棒棒，快站住！"可是棒棒只顾着追赶目标，丝毫没有听见乐乐的提醒。只听见"扑通"一声，紧接着就是"哇——"的哭声。

乐乐赶忙过去，只见两个小朋友倒在地上痛哭，棒棒不知所措地正要爬起来。乐乐赶忙扶起两位小朋友，帮他们拍拍身上的土。这时，班主任方老师过来了，她俯下身去仔细查看两位小朋友有没有受伤。看到没有受伤，方老师让棒棒给他们道了歉，让乐乐送他们回教室。

棒棒虽然道了歉，但还是被方老师要求反省。那么，棒棒究竟要反省些什么呢？

棒棒感悟

我错了，小朋友们不要学我啊！发生这件事情，我告诉大家一些——

1. 课间不在走廊上玩闹，游戏要到操场上。

2. 在走廊上行走要有秩序，不抢先、不拥挤，拐弯处要小心慢行。

3. 下楼要注意，不要抢行、不要挤，小心楼梯，不要摔跤。

4. 不在教室、楼梯处追逐打闹。

安全宝典

亲爱的小朋友们，安全问题很重要，安全常识大家一定要注意

    1. 在电影院、体育场等公共场所，入场要排队，散场时不要拥挤，以免挤伤。

    2. 入场之后，四周看看有绿色标识的"安全出口"在哪里，安全出口是逃生通道。

    3. 遇到突发事件，要沉着冷静，服从工作人员指挥，有秩序地迅速离开现场。

二、快乐游戏

　　课外活动时间，操场上人声鼎沸，踢足球、打篮球、打羽毛球，踢毽子、跳皮筋、玩悠悠球的，大家各得其乐。咦，我们的棒棒呢？他这个游戏高手会不会玩出新的花样呢？

　　瞧，双杠那边很是热闹啊！那不是棒棒吗？他正在兴高采烈地讲着些什么，只见旁边的小朋友欢呼雀跃着，赶紧去看看吧！

　　"我来我来，我是聪明的喜羊羊！"朋朋激动地抢到了第一个。还别说，仔细看朋朋的眼神，还真像喜羊羊。

　　"该我了，我是机器猫，我也有百宝袋！"小明说着还不忘比画，惹得大家一阵狂笑。

　　"我嘛，当然是漂亮的白雪公主了！"乐乐转动着漂亮的白裙子，骄傲地向大家宣布道。

　　"你们女孩子就是头发长见识短，白雪公主什么都不会！"棒棒总是喜欢打击乐乐。说着，一转眼的工夫他就刺溜刺溜（cīliū）爬到了双杠上面，乐乐要去打他却扑了个空。

　　"你们猜我是谁？"棒棒一边说一边就要站到双杠上面。

　　"棒棒，快下来！危险！"乐乐看着棒棒一只脚踩着双杠的一边，赶忙提醒道。

　　"没事！女孩子就是喜欢小题大做！我也能上去！"小

明也抱着双杠的一边准备上去。

"哈哈！我是超人！"棒棒一边说，一边摆好了超人的姿势，等着众人的夸奖。可是还没等到大家的夸赞声，只听见"啊——"的一声，紧接着就是"扑通"一声。此时，小明一只脚正要往双杠上攀，另一只脚还在地上，听到一声惨叫，他吓得瞪大眼睛、张大嘴巴，一尊雕塑一般。

"棒棒，怎么样？摔到哪里了？"乐乐赶忙去看棒棒的情况。

"我去叫校医，小明去喊老师，快！"遇到紧急情况，朋朋还是出奇地冷静。

棒棒被抬到了校医室，还好，只是腿上擦伤，脚崴（wǎi）了。方老师和三个好朋友悬着的心终于放下了，可是棒棒需要反思啊！

    1.课外活动、游戏时，一定要选择安全的活动、游戏方式。

    2.不要模仿影视特技动作，不要逞能。

    3.在玩高低杠、双杠这样的体育器材时，一定要有老师在身边。

    4.遇到意外，要沉着冷静，及时请校医和老师。

安全宝典

亲爱的小朋友们，游戏很快乐，但一定要注意安全啊！

1. 放风筝时要有大人陪同，不能在房顶平台上、高压线下、马路旁放风筝。

2. 不要把玻璃珠、玩具枪的子弹含在口中。

3. 不要把弹弓、玩具枪对着人，以免造成误伤。

4. 捉迷藏时，不要钻入柱子或楼间缝隙，以免发生意外。

5. 玩游戏时，不要把人挤在一个角落里，这样容易造成被挤同学窒息死亡。

三、体育课秘诀

"体育课了！快走啊！"刚一下课，棒棒就迫不及待地换好运动服往楼下跑。

"棒棒站住！走廊、楼梯不要跑，还记得吧？"自从乐乐被老师交代了协助棒棒注意安全，乐乐就时刻提醒着棒棒。

"知道了，真啰唆！"棒棒一边放慢速度稳稳当当地走路，一边向乐乐做鬼脸。

下了楼，棒棒等一群男生马上像脱缰的野马一样在操场上跑开了。这时，只听集合哨吹响了，大家像欢快的雀儿一样迅速集合到体育老师身边。

"同学们好！这节课我们要练习投掷铅球，"体育老师说道，"投掷之前一定要做好准备活动，以免肌肉拉伤。"

"来，大家散开，跟着老师一起来！"体育老师招呼大家站好队形，一边喊着节拍，一边带领大家活动起来。

"来，同学们像我这样双手叠加，交叉，左右旋转——"老师耐心地给大家示范。

大家都在认真地做准备活动，棒棒噘着嘴，皱着眉，两只手搭在一块，随意地扭动，眼睛四处搜寻着什么。唉！看着棒棒那个样子，就能感觉到他是多么痛苦！

啊！老师终于教完了动作要领。棒棒一个箭步上去，先抢了一个铅球："看我的！"只见棒棒左脚点地，右手举着铅球，老师看到棒棒的姿势不对，还没等老师来纠正，棒棒就使劲要把铅球扔出去。

"哎哟!"听见棒棒的惨叫,大家赶忙来看。

"棒棒,你又怎么了!"乐乐紧张又生气,只见棒棒左手使劲握着右手腕,痛得他眼泪都出来了。

"快去请校医!"体育老师一边吩咐乐乐去请校医,一边帮棒棒按摩手臂,"刚才的准备活动你没做吧,动作要领也没掌握吧?!"

1.体育活动之前，一定要认真做好准备活动，以免肌肉拉伤。

2.体育活动时，一定要掌握动作要领，才能更好地完成体育活动。

3.体育活动时，不要用体育器材打闹，用完器材不要乱扔乱放。

棒棒感悟

安全宝典

亲爱的小朋友们，体育课上也要特别注意安全哦！

1. 体育活动要穿上宽松、舒适的衣裤，不要穿紧身的衣服、裙子和皮鞋。

2. 体育活动时，身上不要戴徽章等坚硬的东西。

3. 运动时，动作要由慢到快，运动强度要由小到大，循序渐进地进行。

4. 体育活动时，如果不小心受伤了，要及时告诉老师，进行救治。

四、手机丢了

棒棒早就想得到一部手机了。这不，生日那天爸爸妈妈送了一部手机，棒棒别提多高兴了。

当然了，手机可不是白拿的，面对爸爸妈妈提出的条件，棒棒很严肃地保证道："我一定会以手机为动力好好学习，天天向上，我保证像照顾我自己一样看好手机，我保证……"爸爸妈妈想起棒棒各种悲催的往事不禁汗流满面，赶忙提醒他。

有了新手机，当然要和同学、朋友分享一下幸福的喜悦。呵呵，你懂的，这不仅是分享，还是炫耀。棒棒拿着新手机到了学校，首先给乐乐演示了音乐功能，接着向邻桌小白演示了照相功能。"哈哈，我这手机还有更强的功能——"棒棒正在介绍更强大的功能，上课铃不合时宜地响了，棒棒无奈地开始上课。

一上课，棒棒早已把"好好学习，天天向上"的保证抛到了九霄云外，一会儿摸摸手机，一会儿看看老师有没有发现，一会儿又算着下课的时间。课外活动时间可是棒棒的最爱，他早就盘算好了，先占场地，踢完球趁机展示一下手机。啊！终于下课了。抓起手机，穿上运动服，棒棒就蹿出了教室。下了楼，棒棒直奔足球场，一边占领场地，一边招呼同学。

啊哈！今天棒棒的运气真不错！要知道，这是本月以来棒棒他们第一次占到球场。还等什么呢，赶紧开始吧。棒棒把手机随手塞进上衣口袋，三两下脱掉上衣往球场边一扔，就抢着去开球。

球场上，棒棒真是生龙活虎、英姿飒爽。

时间到了，棒棒他们似乎还没有尽兴。"时间再多点，我还能再进一球！"棒棒不无遗憾地说。"得了吧。刚才你那是运气！"朋朋有些不服气。"等着瞧，下次让你心服口服！"棒棒一边说一边抓起衣服往教室走。这时，好像有东西从口袋里滑了出来，棒棒丝毫没有察觉。

回到家，妈妈劈头盖脸地就问："你跑哪儿去了？怎么不接电话？"

"嗯？我没听到电话响啊？"棒棒一边说一边找手机，"不好，手机丢了！"棒棒顿时面如土色。

忍受了爸爸妈妈一顿臭骂，又过了一个难眠之夜，棒棒无精打采地到了学校。

"棒棒，这是不是你的手机？"方老师叫住了棒棒。

"嗯？是啊！谢谢老师！"棒棒望着方老师，觉得她那么慈祥、那么和蔼，差点就流出了激动的、幸福的、喜悦的泪水。

"谢小白吧，是他在球场边捡到的。好好保管个人财物啊！"方老师又是一通语重心长的讲话。棒棒这次有所启发吗？

1. 手机只是通信工具，没有必要去炫耀。

2. 贵重物品要随身携带，不要乱扔乱放。

3. 活动时，一定要将贵重物品交同学或老师保管。

棒棒感悟

安全宝典

亲爱的小朋友们，保管好个人财物，也是安全的重要环节哦！

1. 不要带大面额钞票上学，每天只带一天需要的零花钱。

2. 如果需要交费，上学途中注意保管好财物，到校后及时交给老师。

3. 手机等贵重物品要随身携带，不乱扔乱放，离开某地时要检查随身携带的物品。

4. 上下学途中，要提高安全意识，不炫耀财物，不要将贵重物品或钱包拿在手上或放在显眼位置，以免被不法分子盯上。

五、香气四溢的文具

  乐乐最近迷上了收集带香味的各种文具。瞧，她的橡皮是草莓形状的，散发着草莓的味道；涂改液是樱桃小丸子的，散发着苹果味；连作业本都是带荧光的，也隐隐散发着薰衣草的味道。

  哎，没办法！女孩子就是喜欢香喷喷的、漂亮的东西，不仅乐乐对香味四溢的文具着迷，女生们已经形成了"香味联盟"。瞧，她们又开始了。

  "哇！小美，你的荧光笔真漂亮！"乐乐羡慕地称赞道。

  "嗯哼，这种笔写出来的字不仅带有荧光，还有很多种味道呢！"小美和大家分享道，"学校附近的商店就有卖的。"

"好棒哦！放学后我们去买吧！"乐乐已经迫不及待了。

好不容易到了放学时间。乐乐和小美像蝴蝶一样飞进了学校附近的文具店。

一进商店，就香味扑鼻——水果味、花香味，她们已经被这香味迷醉了。

"这支笔是苹果味的，我喜欢，这哈密瓜味的也不错！"小美看着这些琳琅满目的各种色彩、各种香味的笔，恨不得都买走。

"小美快看，这个橡皮多像玫瑰啊，还有玫瑰的味道！"乐乐发现了自己喜欢的东西，一边和小美分享自己的发现，一边爱不释手地把玩着玫瑰橡皮。

拿着玫瑰橡皮，乐乐又发现了12色的散发着12种香味的荧光笔。乐乐拿出最喜欢的蓝色笔在纸上写下了"你好"两个字，看着"你好"荧光闪闪，她喜不自胜。这时，小美也选好了自己喜欢的文具，两个人结完账，兴高采烈地往家走。

到家吃完饭，乐乐就往自己的房间走去。"嗯？这孩子今天是怎么回事？往常都要赖着看会儿电视才走的啊！"妈妈觉得乐乐有些反常，就赶紧追到乐乐的房间。推开房门，只见乐乐无精打采地躺在床上。"乐乐，哪里不舒服？"妈妈焦急地询问。

Bye bye!

"妈，我恶心、头晕，还疼——"乐乐脸色苍白、一脸疲倦地对妈妈说。妈妈摸摸乐乐的头不发烧，看着不像感冒的症状，赶忙问乐乐一天都接触了哪些东西。乐乐给妈妈讲了一天的活动，并让妈妈打开书包看她的收获。妈妈打开书包，一股香味扑鼻而来。顿时，妈妈明白乐乐是中毒了，赶紧送她到医院。

经过治疗，乐乐不久就康复了。康复后乐乐做的第一件事就是把那些芳香四溢的文具都扔了。

1.选择文具时，不要为一时的新鲜好玩而付出健康的代价。

2.有香味的笔、橡皮含有甲醛、苯等有害气体，高浓度吸入时会恶心、头晕、昏迷等，最好不用。

3.涂改液里面也有多种有害成分，有香味的更加危险，最好不用涂改液。

乐乐感悟

安全宝典

亲爱的小朋友们，文具每天都要接触，选择文具也有学问哦！

1. 文具，例如绘图尺、笔盒等不能有毛边、毛刺，否则容易划伤手。

2. 作业本，过于洁白的作业本不能买，因为可能加有大量荧光增白剂。

3. 日常用笔，要找找笔帽上是否有透气口或者留出来的空隙。因为透气口或者留出来的空隙主要是用来防止笔套盖上以后，内外的气压不一样，笔套弹出来伤人。如果没有透气口或者留出来的空隙，就不要购买。

4. 使用完铅笔、蜡笔后要洗手，防止铅从手上传口中。

5. 在选用文具时，要仔细检查文具生产厂家、生产日期等标识。

六、危险窗台

　　春节结束了，新学期又开始了。棒棒、乐乐他们都穿着新衣服，买了新文具，背着新书包上学了。

　　等同学们都到了教室，班主任方老师说："新学期开始了，欢迎同学们返校。看着大家都是崭新的样子老师很高兴，如果我们的教室也是崭新明亮的样子，我们会不会更高兴呢？""是！"大家异口同声。"卫生委员分配好工作，开始吧！大家注意安全啊！"方老师交代完，特别叮嘱大家注意安全。

　　"擦玻璃喽！"棒棒一蹦两跳就跳上窗台，转起了抹布。

"喂！你以为是玩呢？"乐乐不明白为什么要和棒棒一组。

"呵呵，只要不上课就是玩！"棒棒说着，拿起抹布在玻璃上胡乱划拉起来。

"喂！照你这样擦什么时候才能擦好啊！你要这样——"说着，乐乐也小心地爬上桌子，边擦边给棒棒示范起来。

窗户不是这样擦的！

"我知道了，你早说不就好了！"棒棒学得很快！看他认真的样子，乐乐满意地笑了笑，然后放心地从桌子上下来。就这样，棒棒负责擦，乐乐负责换水、洗抹布，不一会儿，他们就把教室里面的玻璃擦得亮堂堂的。

棒棒满意地欣赏着自己的杰作，可是越看越觉得不对劲，哪里不对劲呢？哦——原来是玻璃外边的灰很厚啊！"不行！要擦就一定里外都擦干净！"棒棒有个特点，只要他愿意做的事就要做完美，想到这里，棒棒一只脚跨到窗外，一只手扶着窗棂，同时把头也探出去，用另一只手在玻璃上擦来擦去。

乐乐换完水回来，看到棒棒挂在窗户上的样子吓坏了！乐乐刚要开口喊棒棒下来，一转念——这样一喊万一吓到棒棒就糟了。于是，她端着一盆水慢慢走向窗台，然后挤出笑脸温柔地说："棒棒好棒啊！擦得好干净、好认真哦！"

棒棒头一次听到乐乐这样的赞扬，感到很奇怪，他连忙把头伸进窗内，用疑惑的眼神看着乐乐："说吧！你想干啥？"

看棒棒的重心转到了窗内，乐乐转而严肃地说："棒棒，你这样太危险，快下来！"

棒棒满不在乎地说："没事，我身轻如燕、身手不凡！"

　　"棒棒，快下来！危险！"这时，方老师看到棒棒的样子，也很紧张。

　　听到方老师的命令，棒棒赶紧跳下窗台。方老师摸摸棒棒的头："棒棒今天表现得真不错，可是头探出窗外很危险，比起擦玻璃，自身安全更重要！"

　　"老师，我知道了，安全最重要！"棒棒不好意思地笑笑。

1. 站在高处擦玻璃很危险，如果踩在桌子上一定要有人扶桌子；不要将头探出窗外，也不要将一只脚站在外边的窗台上，这都是很危险的。

2. 窗户的外边玻璃可以使用带长柄的专用擦玻璃器去擦，或者由专业保洁人员来擦。

3. 做值日时，不要在教室打闹、玩耍，那样很容易造成摔伤、跌伤、撞伤。

4. 值日时如果要擦日光灯、空调等电器，一定要先切断电源，然后用干抹布来擦拭。

1.做值日可以为大家提供干净、明亮的学习环境，还可以培养大家的劳动习惯，是我们应该承担的责任。

2.同学们正处于长身体的时候，做值日应该量力而行，注意个人安全。

3.做值日应该分工合作，大家可以从中学习合作精神，体会到集体劳动的乐趣。

4.值日时应该注意采取安全保护措施，不仅要注意自身安全，还要注意同学安全。

安全宝典

七、饮食危机

放学了，乐乐和小美走在回家的路上，有说有笑，一会儿聊到明星，一会儿聊到男生，一会儿又聊到老师。

不过，放学路上的诱惑太多了——这边有新奇玩具，那边有漂亮文具，还有精致的饰品是女孩子的最爱。乐乐和小美不时驻足流连于路边的小摊，走走停停、看看摸摸。

哇哦，好香啊！香味扑鼻而来，乐乐和小美这才觉得肚子饿了。寻香望去，只见一个烤串摊前围了很多学生，弥漫的烟雾中似隐似现"新疆超级串"几个字。

"乐乐，走吧！去吃一串！"小美拉着乐乐就往烤串那里跑。

"可是——"话还没说完，乐乐就被拉到了烤串那儿。不过说实话，乐乐虽然有疑虑，但还是抵挡不住美味的诱惑。

"老板，我要一串鱿鱼、一串羊脆骨！"小美麻利地掏出四块钱。

"那我也要一串鱿鱼、一串羊肉串！老板，给！"乐乐也掏出了钱。

付完钱，她们一边等待，一边被香味诱惑得直流口水。老板一手麻利地烤着肉串，一手拿出一个瓶子往肉串上撒些什么粉末，撒完又换了一个瓶子挤出油一样的东西，然后拿出一个刷子在烤串上来回刷，这面刷好，又换一面。

乐乐看着烤串的整个过程，虽然心里有些不放心，但看到外焦里嫩的肉串，又有香味不断刺激着嗅觉，口水不断地分泌出来，又不断地被咽回去。

"要辣椒、孜然不要？"老板爽朗地问道。

"要，都要！"小美反应很快。

肉串烤好了，二人一手一串，边吃边走。

哎哟，不好，
肚子疼，乐乐刚
进家门就觉得肚
子不对劲。上完
厕所，乐乐赶紧
给小美打了电话。
"什么？小美已
经去医院了！"
乐乐想小美比她更严重。

妈妈赶紧给乐乐吃了药，又询问乐乐的情况。原来乐乐不习惯羊肉的膻味，吃了两口就给扔了。唉！路边小摊害死人啊，乐乐心里叹道。

乐乐感悟

1. 不随便吃街边小摊食物、烧烤食物，以免患肠道疾病甚至中毒。

2. 不购买、使用街头小摊贩出售的"三无"（无产地、无生产日期、无保质期）食品、饮料。

3. 生吃的瓜果、蔬菜要洗干净才能吃。

4. 三餐要定时定量，不暴饮暴食。

1. 养成良好的个人卫生习惯，饭前便后要洗手。

2. 合理安排作息时间，饮食要清淡、少油腻，重口味不利于健康。

3. 在天气变化剧烈、疾病流行的时期尽量减少去公共场所，以免感染疾病。

4. 注意公共环境卫生，不乱扔垃圾，不随地吐痰、擤鼻涕，痰要吐在痰盂里或者吐在纸巾里扔到垃圾箱。

安全宝典

八、智挑"霸王生"

　　乐乐和棒棒一放学就在秘密地商量着什么，没有争吵、没有打闹，似乎一切都很和谐。嗯？他俩不是冤家对头吗，难道太阳从西边出来了？哦，太阳在西边呢，只不过这是落山的太阳。

　　打探一下，噢——原来是好朋友安迪的生日，这当然要好好准备一下。这会儿，他们快步走出了校门，往精品店方向走去。哎哟！不好，两个黑影闪了过来。棒棒、乐乐正急匆匆往前走，根本没有发现他们。

　　"站住，把钱交出来！"一声大吼，吓得棒棒和乐乐一下子木了，呆立在那里。

"快点儿，别磨蹭！"一个粗粗的声音吼道。

这时，棒棒、乐乐才清醒过来，看到前面站的两个人戴着顶李宁的帽子，帽檐压得很低，虽然个子很高，却还有些稚嫩。

"看什么看，快点儿掏钱！"另一个粗声粗气的声音响起来，尽管声音很大，但仔细一听还是强装出来的。

棒棒和乐乐因为要给好朋友过生日，所以今天每人都带了 100 块钱。可是，这钱也不能白白给他们啊。乐乐又瞟了他们一眼，似曾相识啊，"哦，他们是六年级的混混。"乐乐向棒棒使眼色。"对啊，是我们学校的。"棒棒一边回应着，一边在书包里慢慢摸着，同时飞快地动着脑子。

"别磨磨蹭蹭的，快点儿！"两个人一边看着四周，一边焦急地催促着棒棒和乐乐。

"给！"乐乐怯生生地递给他们10块钱。

在乐乐递钱、"混混"接钱的同时，棒棒看到一个中年男人走来，棒棒迅速喊道："爸爸，你怎么才来啊！"

中年男人愣了一下，当他看到眼前的情况，顿时明白了："宝宝，怎么了？爸爸来了！"

两个"混混"正要因为钱少而发怒的时候，听到大人的声音，不禁打了个哆嗦。"喂，你们干啥呢？"中年男人朝"混混"喊道。

两人看也没敢看一眼，飞快地跑了。

"叔叔，谢谢您！"乐乐和棒棒向中年男人道谢。

"你们真棒！走，我陪你们向学校反映一下情况！"中年男人说道。

后来学校了解了情况，找到那两位男生，对他们进行了批评教育。

棒棒感悟

1. 遇到坏人或者"霸王生"，要冷静。如果他们强行搜身，可以先把东西给他，然后记住他们的长相特征。

2. 尽量不要进行激烈的反抗，这样很容易受到伤害。当遭遇坏人攻击时，要尽量将自己的身体蜷缩起来保护腹部，用手抱着头部，将伤害减到最小。

3. 在坏人退去之后，要赶紧到人多、安全的地方，然后报警。

4. 遇到高年级学生的勒索，尽量不要把钱物给他们，这会助长他们长期勒索；如果没有办法脱身，就先把钱给他们，之后赶紧向老师报告或者向父母汇报，千万不要隐瞒、自己承担。

1.如果遭遇抢劫、勒索的事发生在其他同学身上，我们要在保护自己不受伤害的情况下，在力所能及的范围内帮助、保护别的同学。可以寻求有利的时机，呼叫路人、警察等，吓跑坏人。

2.上学、放学的路上最好和同学结伴而行。尽量避免走偏僻的小巷和黑暗的路，平时穿着要朴素以免被坏人盯梢，同时身上不要带太多的钱。

3.在保护自己的同时，也要懂得尊重别人的权利，进行正当防卫。

4.受到伤害后，应该通过老师、家长寻求合法和正当的途径解决，千万不要进行武力报复，那会给自己和家人等带来更大的伤害和损失。

安全宝典

九、独自回家要小心

"棒棒别跑，值日！"乐乐看到棒棒一放学就要跑，赶紧抓住棒棒的书包。

"值日就值日，有什么了不起的！"棒棒对乐乐总是一副满不在乎的态度。

这俩人无论做什么场面都很热闹，这不，吵吵闹闹中二人终于做完了值日。

"喂，别跑，等等我！"棒棒正在锁教室门，而乐乐已经大步向楼梯走去。

"我才不等你呢，先走啦！"说着，乐乐已经闪到了一楼。

"哼，不等就不等！"棒棒锁上门，晃晃悠悠也下了楼。

平时和棒棒吵吵闹闹就很消耗体力，而今天做完值日乐乐已经饿得两眼昏花了。这不，她目不转睛，紧盯着回家的方向，急忙往家赶。再看棒棒，他翘首使劲望了望，已经看不到乐乐的影子了。"算了，不是我不送她，是她自己跑了，我一个人走多舒服！"想到这里，棒棒在回家的路上左看看、右看看，慢慢悠悠地走。

这时，乐乐已经走到回家必经的沿河路。"小朋友，看你跑得满头大汗，给，喝点可乐！"一个妈妈一样年纪的女人殷勤地给乐乐递饮料。

"啊——"突然冒出一个人，乐乐吓得呆若木鸡，惊恐

的目光投射到女人脸上。

"小朋友，不要怕，给，喝吧！"女人继续献殷勤道。

"阿姨，谢谢你，我不渴！"乐乐一边礼貌地说，一边准备跑掉。

"小朋友，别跑！我是你妈妈的朋友，你小时候我还抱过你呢！"女人跟着乐乐继续套近乎。

"嗯？"乐乐转过脸看了女人一眼，可是不记得妈妈有过这样的朋友，"不管她，反正陌生人的东西不能喝！"乐乐边走边觉得不对劲。

"阿姨，你知道我叫什么名字吗？"乐乐放慢脚步，心想一边试试这个女人，一边等棒棒。

"呵呵，你的小名叫妞妞，大名是——"女人眼中闪出一丝慌乱，不自然地说。

"糟了，她绝对是坏蛋！怎么办呢？"乐乐确信女人不怀好意，往周围看看，附近没有别人，怎么办呢？

"小丫头，跟我走！"女人看到乐乐不好骗，就要拉乐乐。

"放开我！救命——"乐乐看情况不妙，就要喊，可是嘴巴被女人捂上，女人恶狠狠地瞪着乐乐。

"嗯？那不是乐乐吗？她怎么了？"棒棒终于离乐乐很近了，看着乐乐奇怪的样子，忍不住叫了一下："乐乐！你在干什么？"

　　听到呼喊，女人和乐乐同时回头，棒棒看到乐乐的嘴被捂着，并且一脸的痛苦和惊恐，顿时明白了什么。

　　"乐乐！你妈妈在那儿，快看呢！"棒棒见机赶忙喊了一句。

乐乐！你妈妈在那儿！快看呢！

　　女人一听，立即松了手，棒棒一个箭步上前拉着乐乐迅速跑掉了。

　　棒棒和乐乐回家和父母说了情况，并且一同报了警，警察叔叔对乐乐、棒棒的机智、勇敢竖起了大拇指。

乐乐感悟

独自回家
要小心哦！

1. 放学回家，最好结伴而行，不要独自行走在偏僻的地方。

2. 要对陌生人保持警惕，不要接陌生人给的食物、饮料、玩具等。

3. 面对坏人，不要慌张，要沉着应对，尽量拖延时间以寻求帮助。

　　1. 不要轻易相信陌生人的话，也不要被陌生人的热情迷惑，即使可以叫出自己的名字也不要轻信。

　　2. 不搭乘陌生人的便车，不接受陌生人的邀请同行或吃饭、游乐。

　　3. 应当熟记自己的家庭住址、电话和学校名称、地址、电话，以便危急时取得联系。

安全宝典

十、美丽的窗花

　　劳动课就要开始了，只见课代表拿了很多彩纸、剪刀、刻刀、糨糊等东西。看到这些东西，大家都很兴奋。当然，这种时候是少不了棒棒的。

　　"我要红色的！"棒棒朝课代表喊道。

　　"红色不好看，粉色好看！"这不，只要有棒棒的地方，乐乐就会不服气。

　　"别吵了！老师来了！"课代表提醒道。

　　"同学们，快到春节了，老师教大家剪窗花，把家里装饰得漂漂亮亮的，好不好？"李老师温柔地笑着说。

"好啊——"同学们异口同声。

"来，同学们看着老师，剪窗花的第一步是要把想要的图像画在纸张上，然后——"李老师边说边示范。

"这么简单啊，我会了！"棒棒说着就拿起一张红纸，然后拿着铅笔在纸上画起来。

"啊？你画的是什么啊？"乐乐凑到棒棒身边使劲看，却不知道他画的什么。

"笨笨！龙年了当然要剪个龙啊！"棒棒得意地拿起剪刀就要剪。

"哦，原来是龙啊，我还以为是条虫呢！"乐乐揶揄（yé yú）道。

"哼！哎哟——"棒棒刚才还在得意，怎么转眼就传来了痛苦的喊叫声？

"啊！好疼啊！"棒棒看到左手

食指上的血不断地滴下来，心也随着血滴落的节奏阵痛。

"来，老师看看！"老师迅速拿起棒棒的手，仔细检查了伤情，"剪刀割了个小口子，老师给你包扎一下。"说完，老师拿出一个创可贴，仔细地给棒棒贴上。

"谢谢老师！我要把这条龙剪完。"包扎完毕，棒棒继续创作他的作品。

看着棒棒认真的样子，乐乐有些吃惊，不过她要创作出比棒棒的龙更棒的作品。

教室里太平了一阵子，突然，从棒棒身后飞出来一把刻刀。幸亏，棒棒灵敏，一个侧身，刻刀擦身而过落在地上。

虚惊一场，乐乐吓得捂住嘴，棒棒张大嘴巴，后排的男生连忙道歉："对不起，我不小心碰到了桌子。"

"没关系！可是，唉！我怎么这么倒霉！"棒棒无奈地摊摊手。

"瞧，棒棒的龙剪得多棒！"看到可怜的棒棒，乐乐拿着棒棒的作品安慰他道。

棒棒感悟

1. 劳动课上会用到剪刀、刻刀、钳子之类的工具，一定要听从老师的指导使用，不乱放、不乱用，不拿在手里玩闹。

2. 把剪刀、刻刀等利器递给同学时，不要把尖儿对着同学，要小心拿稳，避免自己和其他同学受伤。

3. 不要拿着利器从背后靠近同学，避免同学不小心受伤。

安全
宝典

1. 劳动课可以培养自己的动手能力，一定要认真听从老师教导，在安全的前提下，认真动手。

2. 劳动课后，剩下的旧材料可以分类收起来，不能用的扔进垃圾桶，能用的以后再用。

3. 如果劳动课上有其他液体材料，小心别碰倒，更不要品尝。

第二章　居家篇

一、被困电梯

乐乐拿着期末考试试卷，一看她那张灿烂得像桃花绽放一样的小脸，就知道乐乐上学期考得很棒。

这不，乐乐飞快地跑回到小区，迅速跑到电梯间，摁下了上楼键。电梯很快就到了，乐乐连蹦带跳进了电梯，摁下了9。乐乐可真是累坏了，摁完了数字只顾着喘气，却没注意电梯门调皮地一开一合，而电梯就是不动。好半天，乐乐感觉不对劲，才发现电梯门还没关上，于是她又重新摁了楼层号。还好，电梯终于动了。

电梯在上升，乐乐一边暗自庆幸没有人打扰，自己坐的是直达电梯；一边在想象爸爸妈妈看到试卷时高兴的样子。很快电梯就到了9楼，乐乐站在门口只等着电梯门一开就飞出去。嗯？怎么不开门啊？乐乐看到"9"是亮的，于是摁下了开门键。"唰"的一声门就开了，还没等乐乐反应过来，门又"唰"的一声关上了。电梯里只有乐乐一个人，乐乐很怕，心想："要是有个伴就好了！"

可是环顾四周，只有封闭的电梯。"怎么办？怎么办？"乐乐脑海中出现了曾经听过的发生在电梯里的恐怖故事，恐怖镜头——浮现于眼前。"啊——不！我得想办法出去！"乐乐努力让自己镇定下来。

平静下来之后，乐乐迅速恢复了理智，她想起来老师曾经说过电梯里寻求救援的方法。她把目光聚焦在楼层按键那里，沿着数字键往上，她看到了一个红色的按钮，再仔细一看，那就是"紧急呼叫"按钮。

乐乐看到了希望，努力伸长手臂去摁那个按钮，够不到啊！"怎么办？跳起来试试！"想到这里，乐乐使劲往上一跳，同时伸出手臂。可是，跳得太高了。"再来一次！"乐乐继续往上跳，这次她稍稍控制了力度，可惜，只差一点没够到。"我一定要出去！"乐乐看了看按钮的高度，活动活动手臂，又往上一跳，同时朝按钮的位置用力摁了一下。太好了，按钮闪了两下，应该是信息传递到了。

乐乐传递了救援信息，静下来之后，心又开始怦怦直跳："天啊！信息会不会传出去？会不会有人来救我？我会一直困在这里吗？"

"唰"一下，在乐乐胡思乱想的时候，电梯门开了。乐乐看到一个叔叔向他招手。"小朋友快出来吧！你安全了！"听到这里，乐乐"哇"的一声哭了。叔叔一边哄着乐乐，一边送她回家。

1. 在电梯里，若遇到电梯无法正常运转，要保持镇定，不要惊慌，稍等一下，再按开关门键，然后再按下你所要去的楼层数字键。

2. 如果电梯还是不动，立刻按下紧急键求救，警铃一响，就会有人救你出去。

3. 假如没有警铃键或警铃不响时，可用力拍打电梯门、捶电梯的侧壁并大声呼救。若无人回应，最安全的做法是保持镇定，保存体力，等待救援。

4. 等待专业的救援人员时，千万不要试图用手掰开电梯门，或扒、撬电梯轿厢上的安全窗，因为电梯随时可能启动上升或下降，那样做很危险。

5. 如果电梯下滑，保持镇定，手扶轿厢壁或踮起脚跟，两腿微微弯曲，上身向前倾斜，以减小冲击对人的损伤。

安全宝典

小朋友们经常会乘坐电梯，一定要注意电梯安全哦！

1.乘电梯时，不能在里面乱蹦乱跳，也不能在里面乱摁按钮。

2.电梯门快关住时，不能强行用手掰门，或强行把脑袋伸进电梯。

3.当电梯超载时，要自觉地走出轿厢，等待下一趟电梯。

4.除了乘坐电梯时要注意安全外，还要注意一些娱乐设施的安全，比如，注意娱乐设施的年龄限制，系好安全带、锁好防护栏等；娱乐设施在运转中出现意外情况，要保持镇定，等待救援；在娱乐设施到站停车后要在工作人员的指挥、引导或帮助下解下安全带或抬起安全压杠。

二、从容吃东西

棒棒正在甜美的梦中，突然一阵冰凉袭来，棒棒腾地坐起来："妈妈，你就不能温柔点？""棒棒，再不起来就迟到了！"妈妈边说边从被子中抽出了那只冰凉的手。

哎，真没办法！放假这么久突然要上学，棒棒显然还没有做好准备。可是，学生就是要上学，可为什么要上学，棒棒想了很久还是没想明白。算了，还是不想了，赶紧收拾吧。

一会儿工夫，棒棒就洗漱好，坐在了饭桌前。虽然是早饭，妈妈也准备得很丰盛，有糖醋带鱼、青菜、豆腐乳，还有馒头、南瓜粥。哇，都是棒棒喜欢吃的。"棒棒抓紧时间，别迟到了！"妈妈看看时钟，不由得催促棒棒。

棒棒最烦妈妈催了，可是一看表只剩半个小时就上课了。没办法，棒棒一只手用勺子不断搅拌着冒着热气的南瓜粥，一边用筷子夹了一块带鱼。哇，带鱼真好吃，为了节约时间，棒棒将带鱼囫囵（hú lún）地塞进嘴里。"小心鱼刺！"妈妈担心地向棒棒提醒道。

"啊——"棒棒感觉嗓子眼有点疼，不对，是鱼刺卡在喉咙里了。

"来，赶紧把嘴里的东西吐出来！"妈妈赶紧递过来垃圾篓。

吐完了，嗓子还是疼，鱼刺好像还卡在那里。不管了，棒棒端起汤碗，"咕咚咕咚"就是两口。哇，烫死了！烫死了！棒棒烫得直跳，手还在不断扇着，似乎可以减轻疼痛。

"棒棒快到这边坐下，张开嘴！"妈妈一手拿着镊子，一手拉着棒棒坐到了灯光下。"啊——"棒棒张开了嘴，妈妈仔细看鱼刺的位置，可是口腔里还是有些暗。"坐着别动！"妈妈很快拿着手电过来了。

在手电筒的帮助下，妈妈很快找到了鱼刺，并轻巧地夹住鱼刺，迅速拿出镊子。"哇——好大一根鱼刺！"棒棒的嗓子不疼了，注意力很快转移到鱼刺上。

"赶紧漱漱口！上学去！"妈妈递过来一杯水。

"妈妈，我没吃饱！"棒棒背上书包，看着妈妈，眼神里净是委屈。

"拿着，到学校再吃！"看着棒棒可怜的样子，妈妈递给棒棒一盒奶、一个面包。

棒棒又看了看表，只剩 10 分钟了，他拿起东西就跑。

"慢点！别跑！"想起刚才匆匆忙忙吃饭的后果，妈妈赶紧提醒棒棒路上注意安全。

1.吃东西时，一定要细嚼慢咽，要从容、不能慌张。

2.吃东西时，不要"囫囵吞枣"，要仔细小心，以免卡住喉咙或噎住。

3.吃东西时，不要说笑，不要到处乱跑，以免噎住。

4.滚烫的汤或粥要放凉一点再喝，以免烫伤口腔、食道。

安全宝典

每天都要吃饭，每顿都要注意安全噢！

1. 小孩吃饭时，大人不要催促，以免卡住喉咙或噎住。

2. 细小鱼刺鲠喉，可取维生素 C_1 片，含服，徐徐咽下，数分钟后，鱼刺就会软化消除；如果鱼刺比较大，用汤匙或牙刷柄压住舌头的前部，再用镊子或筷子夹出。

3. 如果被食物噎住，可以稍稍弯下腰去，对着一固定的水平物体边缘（如桌子边缘、椅背、扶手栏杆等），压迫上腹部，快速向上挤压，重复此动作，直至异物排出，同时及时求助。

三、开玩笑的植物

　　花卉市场上百花争艳，选来选去乐乐和妈妈选了富贵的牡丹、吉祥的金橘、高洁的水仙。"妈妈，我们买了这么多花，再买盆绿色植物吧！"乐乐的提议不错，于是，妈妈和乐乐抱着花继续挑选。

　　"妈妈，这个多好看，买这盆吧！"乐乐看到了一盆滴水观音，喜不自胜。"乐乐，它叫滴水观音，它的滴水有毒，我们换一盆吧！"妈妈和乐乐商量道。"没关系的，只要小朋友不碰到滴水就没事！"老板对妈妈微笑着说。"妈妈，买吧，我保证不碰它！"乐乐忽闪着那双美丽的大眼睛，向妈妈撒娇道。哎，妈妈拗不过乐乐，还是买下了那盆滴水观音。

回家的路上，妈妈继续强调滴水观音有毒，乐乐继续向妈妈保证不碰它。可是乐乐心里还是很好奇——滴水观音，好奇怪的名字啊！它什么时候会滴水呢？它滴的水什么样呢？

滴水观音被妈妈摆到阳台上好几天了，乐乐每天都去看，可它每天都那样静静地站在那里，丝毫看不到滴水。这不，乐乐写完作业，放心不下滴水观音，又跑到阳台上。

"哇——好棒！"哦，原来滴水观音的叶子上有水珠，叶子边缘在往下滴水，一颗颗晶莹剔透。"亮晶晶的，好漂亮！"乐乐一脸陶醉地望着滴水观音。望着望着，乐乐终于抵挡不住晶莹剔透的水滴的诱惑，她慢慢地伸出了小手，用手指接住晶莹的水滴，然后凑近看，接着将手指缓缓放进嘴里。

"啊——好涩！"乐乐赶忙吐唾沫。紧接着，乐乐感到自己的嘴巴像假的一样难受。

"妈妈！我好难受！"乐乐捂着嘴跑到厨房。

"乐乐，你吃什么了？"妈妈焦急地问道。

"滴水观音！"乐乐说话已经口齿不清了。

"快，上医院！"说着，妈妈拉着乐乐就往医院赶。

经过救治，乐乐脱离了危险。医生告诉乐乐："有些植物喜欢和我们开玩笑，它们看起来很漂亮，却有意想不到的危险，以后不要随便触碰哦！特别是滴水观音！"

"我知道了！"乐乐不好意思地点点头。

乐乐感悟

明天早上见!

1. 花草是用来观赏的，不能随便吃，有些花草也不能随便闻。

2. 养花之前，要充分了解花草的习性、特点，以免受到伤害。比如，夜来香在夜间会排出大量废气，这种废气闻起来很香，但对人体健康不利，因此，白天把夜来香放在室内，傍晚就应搬到室外。

3. 在花丛中玩耍以后，如果有疼痛、皮肤瘙痒等现象，要及时告诉老师和家长。

安全宝典

花草虽然很美，但是也要注意安全啊！

1. 不能吃的花草，除了滴水观音外，还有花烛、黄杜鹃、含羞草、一品红和状元红等。

2. 不能摸的花草有小叶橡胶树、夹竹桃、月季、洋绣球、天竺葵、紫荆花、仙人掌（球）。

3. 不能闻的花草有夜来香、郁金香、百合花、紫荆花、松柏类花木等，这些花草植物的香味会让人产生不良反应。

四、宠物也疯狂

棒棒一直希望养只小狗，但爸爸妈妈因为工作忙，没时间照顾狗狗，棒棒一直觉得很遗憾。可是棒棒实在太喜欢狗狗了，每当看到别人遛狗，棒棒就忍不住摸摸，甚至抱抱；为了能养狗，他还幻想过培育一种狗，不用吃饭、不用大小便，只喝空气就好。呵呵，你说他空想，可棒棒认为说不定有一天梦想就会实现。

哎，先不说梦想了。瞧，小区里好多狗狗，有的毛茸茸的、有的一脸窘相、有的精神抖擞，各有各的狗相，那叫一个可爱啊！

这可爱劲儿，棒棒怎能忍得住不去抱抱呢？"白雪公主，快过来，让我抱抱！"棒棒朝着一只雪白的京巴温柔地呼唤道。可能是"白雪公主"被人宠惯了，对棒棒毫不理睬。棒棒

呢，他丝毫不介意，注意力马上转移到一只黄色的博美身上。棒棒来到博美旁边，摸摸它，抱抱它，好不惬（qiè）意。可是，博美好像很不舒服，倏（shū）地跳出了棒棒的怀抱。

咦？那里还有一只吉娃娃。话说吉娃娃一直是棒棒的最爱。为啥？你看，吉娃娃那漂亮的身段、神采奕奕的眼神，和棒棒多像。啊？这可不是我说的，这是棒棒说的。

"汪——汪——汪汪——"嗯？谁在叫啊！哈哈！是棒棒！瞧，棒棒不仅会学狗叫，还会学狗狗的举止——蹲在地上，两只手放在前面，边跳边"汪汪"。吉娃娃本来高傲地站在那里，当看到眼前发生的一切，马上警觉起来。眼看棒棒就要跳到吉娃娃身边了，可谁知吉娃娃被棒棒吓坏了，"汪

汪——汪"叫了两声之后，猛地扑向棒棒。

"啊——"棒棒躲闪不及，瞬间觉得胳膊很疼。吉娃娃的主人赶忙过来看棒棒，捋起棒棒的袖子，还好胳膊上只有若隐若现的牙印，没有咬破。这时，棒棒的妈妈火急火燎地跑了过来："咬到哪里了？""快，快去打狂犬疫苗！"吉娃娃的主人提醒道。

"啊？我会变成狂犬吗？我不要啊！"棒棒吓坏了，以为被狗咬了会变成凶恶的狗。呵呵，会吗？你说呢？

1. 见到狗时，不要伸手去摸，也不要拼命奔跑；喂狗时，不要伸手或者拿石头、木棒之类的东西，以免引起狗的误会。

2. 不要随意逗弄猫、狗等动物，以免激怒它们而被咬伤。

3. 家中若养了宠物，应定期给宠物注射狂犬疫苗并保持宠物的清洁卫生。

4. 人被狗咬伤之后，应该先用肥皂水或者大量清水反复冲洗伤口，再用碘酒冲洗伤口，并及时到防疫部门或医院注射狂犬疫苗或抗狂犬病血清。

棒棒感悟

安全宝典

如果有人突发病症或意外受伤，小朋友们要立即拨打120急救电话。

　　1.拨打急救电话时，要保持镇定，讲话清晰、简练。要说清病人的症状或伤情，讲清现场地点、等车地点等，以便急救中心准确及时派车。

　　2.等救护车时不要把病人搀扶或抬出来，以免影响病人的救治。

　　3.只有在紧急情况下才可以拨打120急救电话求助，不能随意拨打120电话，以免影响他人使用。

五、厨房历险

　　周末来了，乐乐好开心——不仅仅是因为可以稍微赖一下床，可以看一会儿电视；还因为爸爸妈妈都加班，自己一个人在家好自在。乐乐迅速写完了作业，打开电视调到《新西游记》。虽说网上评价不高，说什么造型"雷人"、剧情"坑爹"，但乐乐趁着家里没人，把鞋子一脱，胡乱把自己窝在沙发里，慵懒地看着电视，实在很惬意。

　　"哈哈，哈哈哈！"孙悟空实在太可乐了！乐乐笑得捂住肚子，在沙发上前滚后翻。笑过之后，响起了片尾曲，乐乐这才感觉到肚子饿了。往茶几上看了看，只有水果、干果和酸奶。出去吃吗？太麻烦了，懒得出去，那就去厨房看看吧。打开冰箱，里面虽有琳琅满目的食物，可乐乐什么都不会做啊！"唉，要是会做点什么就好了！"乐乐无奈地想。

"嗯，炒鸡蛋好了！看妈妈做过，应该不难！"说做就做，乐乐从冰箱里拿了两枚鸡蛋，然后将蛋打进碗里。接下来是什么呢？是搅拌一下，还是直接下锅？还是搅两下吧。乐乐随便搅拌了两下，然后拿出炒锅，放上油——可是，放多少油啊？"哎，怎么每一步都不知道啊？随便放吧！"乐乐心想。结果炒锅里放了半锅油。接下来，乐乐扳下气阀，打开煤气灶。可是，什么时候放鸡蛋啊？现在吗？好像不对。再等等，油冒烟了，好呛啊！还能炒吗？乐乐真是一筹（chóu）莫展！

"轰——"在乐乐苦恼的时候，锅里起火了。

"啊——这可怎么办？"乐乐头脑中的第一反应是拿水

灭火。不对，乐乐突然想起来这时不应用水，好像是——乐乐拿起锅盖，勇敢地扣在炒锅上。对了，是要关上煤气灶还是关上保险？可是先关哪个？不管了，先关掉煤气灶吧。关了煤气灶，乐乐小心翼翼地揭开锅盖——火已经灭了。

"吓死我了，太好了！"乐乐长出一口气。

"算了，还是出去吃吧！"乐乐的做饭处女秀就这样落幕了，惊险刺激！下次还做吗？当然了，乐乐可是不服输的，只不过她要先向妈妈好好学学。

乐乐感悟

1. 进厨房做饭之前，一定要先掌握各种炊具、厨具的使用方法，做饭时一定要严格按照使用方法来做。

2. 炒菜时，不要把油烧得太热，这样不仅有害健康，而且容易起火；若起火，要先用锅盖盖住锅，然后关掉煤气灶和气阀，千万不要拿水灭火。

3. 在使用燃气时，人千万不要离开，饭做好后立即关闭气阀和燃气灶开关。

安全宝典

对于做饭这件事，大家也一定要注意安全

1. 若发现家里燃气泄漏，要立即打开窗户，关闭电器，不要使用打火机，也不要在厨房打手机，然后立即通知家长或者小区物业。

2. 若煤气泄漏，可以用扇子扇加速空气流动，但千万不要用电风扇吹。

3. 煤气泄漏有可能造成严重的后果，属于高危事件，所以小朋友们要记得提醒爸爸妈妈及时关闭燃气阀门和煤气灶开关，发现管道泄漏及时处理。

六、安全使用手机

　　自从有了手机，棒棒对其他玩具都不感兴趣了，天天抱着手机，夸张地说简直是人机一体。要说棒棒也没有什么繁忙的"公务"，他就是打打游戏、聊聊天，可这一打游戏，一聊天，耗电就很快。

　　这不，棒棒慌慌张张地从卫生间拿着手机出来，手上的水还没擦干净呢。他这是要干啥呢？找出充电器，连接上USB接口，然后看到电视旁边有空着的电源插孔，就要往上插。只见火花闪烁，紧接着就是两声"噼啪"声。棒棒随即有一种麻麻的感觉，他赶紧把手抽了回去。

"给你说过多少遍了，湿手不要摸电源插座！"爸爸看到棒棒的惊险一幕，一个箭步就来到棒棒旁边，一边仔细查看儿子有没有受伤，一边忍不住教训棒棒。

"爸，我下次不敢了！"棒棒不敢正视爸爸的眼睛，低着头温顺地说。

"你这孩子，长点记性好不好！"爸爸对棒棒真是无奈了。

"爸，我知道了，我去写作业了！"棒棒小心翼翼地退出客厅，回自己的房间写作业。

棒棒写作业的时候，家里真安静啊！爸爸在看书，妈妈也不看电视了。突然，一阵悠扬的歌声响起来，歌声充满了客厅，传进了棒棒的耳朵。

很少有电话打来，会是谁啊？棒棒很好奇，爸爸妈妈也很奇怪。就在棒棒急匆匆跑到电话前，爸爸妈妈将目光齐刷刷地聚焦到手机上。棒棒连电话也没看，就抓起电话："喂——喂——"可是电话里先是没有应答，然后是挂机后的"嘀嘀"声。

"嗯？谁啊！这么无聊！"棒棒气愤地放下电话。难怪他会气愤，除了爸爸妈妈的电话，很少有人打他的电话，这偶尔的电话声还莫名其妙地挂掉了，你说他生气不生气。

"棒棒过来，坐这里！"棒棒正要回房间，却被爸爸叫住了。看爸爸这么温柔慈祥的样子，棒棒有些丈二和尚摸不着头脑。坐到爸爸旁边，棒棒有些不自在。

"棒棒，刚才的电话有可能是骗子的电话，这种电话最好不要接，"爸爸将自己使用手机的经验讲给棒棒，"还有，最好不要马上接听正在充电的手机……"

"哦！"棒棒听得晕晕乎乎，心想还不如写作业呢。

棒棒感悟

最好不要马上接正在充电的手机

1. 不要随意触碰插座、电器，以免电伤。

2. 手机充电时，不要接打电话，以免受伤。

3. 手机铃声响起时，不要马上接电话，因为这时的辐射最强。

4. 为了避免手机辐射，睡觉时不要将手机放在枕头下，或者离头很近的地方；平时不要把手机放在离心脏很近的地方。

5. 雷雨天气最好不要接打手机。

安全宝典

使用带电的东西，一定要注意安全哦！

安乐乐：使用带电的东西，一定要注意安全哦！

1. 要使用插座、电器时，要保持手指干爽，不要用沾水的手接触电器、插座。使用多用插座时，尽量不要在同一个插座上同时插好几个插头，以免插座、电线被烧坏。

2. 用完电器、充完电之后，要关掉电源，拔出插头。在拔插头的时候，不要用力拉拽电线，以免电线外层的塑料薄膜破裂，产生漏电甚至触电。

3. 如果家里的开关、插座、插头、电线包膜出现损坏，电器出现故障时，千万不要自行修理、拆卸，要及时告诉爸爸妈妈。

4. 若遇雷电天气，要及时关掉电器，拔掉插头。

七、有人撬门怎么办？

"奶奶家有事，我和爸爸去看看。妈妈把饭做好了，你自己吃吧！"妈妈一边摘下围裙，一边嘱咐着棒棒。

"自己在家锁好门，睡觉前注意关好窗户……"因为是第一次晚上留棒棒一个人在家，爸爸也放心不下。

"我是男子汉了，你们放心走吧！"棒棒信心十足地拍拍自己的胸脯。

其实啊，棒棒最喜欢一个人在家了。坐到书桌前，刚写了一会儿作业，棒棒就觉得眼皮很重，怎么抬都抬不起来，在与瞌睡虫的抗争中，终于败下阵来，趴在书桌上睡着了。

嘴角上翘，书桌上留下了一摊口水，呵呵，他准是有了一个甜甜的梦。

"丁零——丁零——"门铃响了。

"嗯？谁啊——"棒棒被吵醒了，实在太困了，他翻了个身继续睡。

"丁零——丁零——"门铃继续响。

"讨厌，爸爸有钥匙，不理它！"棒棒趴在那里不想动。

过了一会儿，门铃不响了，屋里又安静下来。

嗯？怎么半天没听见钥匙的响动？不对啊，要是爸爸妈妈应该早就进来了啊？棒棒越想越不对劲。他慢慢地走出卧室，像漂移一样到了客厅。这时，他听见什么东西撬门的声音。

"怎么办？怎么办？都12点了，爸爸妈妈怎么还不回来？"棒棒有点害怕，却又不敢出声。"不知道外边的坏人有几个，我得想想办法——"关键时刻，棒棒还是保持了冷静。棒棒轻轻返回卧室，锁上门，拿出手机拨了电话："爸爸，不好了，有人撬门——"手机里传出镇静的声音："孩子，别怕，我们马上到家，在卧室锁好门，爸爸马上报警，万一他们闯进来，你千万不要硬来——"

挂掉电话，棒棒仔细检查过门窗之后，躲到被子里，一边等爸爸妈妈、等警察，一边暗自祈祷："臭盗贼，不要进来，不要进来——"他不时用手摸摸额头，似乎沁出了汗。

"哪——"敲门声又响起来了，似乎就在卧室外边，棒棒吓得把被子裹得更紧了。

"棒棒，快开门，是爸爸！"听到熟悉的声音，棒棒一下就跳到门那里。

"爸爸、妈妈——"打开门，棒棒一下扑进了爸爸妈妈的怀抱。

"孩子，没事了！盗贼已经被警察带走了！"妈妈说道。

棒棒感悟

爸爸得换把结实的锁

1. 独自在家，要锁好大门、窗户。

2. 陌生人以任何目的敲门，都不要开门；如果陌生人知道父母姓名或者电话或者自己的名字，也不要开门。

3. 如果有人撬门，首先要做好自身的安全防护，然后将自己锁在卧室并趁机报警或者打电话给父母。

4. 如果有人闯进家里，千万不要惊慌，也不要与坏人直接对抗，要想办法保护好自己，并等待救援。

安全宝典

1. 不邀请不熟悉的人到家中做客，以防给坏人可乘之机。

2. 若有陌生人打电话询问父母情况，要先弄清对方的身份、事由，若不认识千万不要告诉对方家里的事情和父母的电话号码，也不要让对方知道自己一个人在家。

3. 若盗贼夜间入室作案，要冷静地与盗贼周旋，不要正面冲突，要想办法传递消息，或者记住盗贼的体貌特征，等盗贼走后立即报警。

八、眼睛好痛

乐乐写完了作业，吃了些水果，觉得无聊，就去看妈妈是否忙完了。走到书房门口，看到妈妈还在电脑上敲着什么。乐乐看到妈妈辛苦地工作着，乐乐也不忍心打扰妈妈。

"妈妈那么辛苦，还是帮妈妈做点什么吧！"乐乐一向很懂事，虽然给妈妈帮不上什么忙，但是能为妈妈做点什么也是挺高兴的。"可是做点什么呢？做饭？上次的教训还历历在目；打扫卫生？妈妈一早起来就干完了；对了，把我自己换下来的衣服洗了，也算为妈妈减轻负担了。"想到这里，乐乐开心地笑了。

说做就做，乐乐拿了自己的衣服飞快来到卫生间。她先拿出一个粉色的盆子，然后将衣服放到盆子里，接着找出洗衣粉。可是放多少洗衣粉呢，乐乐从来没洗过，也不知道放多少。"可能多放点洗得干净。"想到这里，乐乐拿起洗衣粉袋子，"呼呼"下雪一样往盆里放，

一会儿衣服上盖满了洗衣粉。然后呢？该接水了。乐乐把一盆衣服放到水龙头下，拧开水龙头。水"哗哗"地流下来，打在洗衣粉上，溶化了洗衣粉的水四处飞溅。

"啊——"水溅到了乐乐眼睛里。乐乐赶忙用手去揉眼睛，可是越揉，两只眼越疼。乐乐忘了刚才她的两只手都摸过洗衣粉，这样会越揉越痛。

"妈妈，快来啊！"乐乐赶紧向妈妈求助。

妈妈过来，看到水已经流到了地上，地上满是泡沫，而乐乐眯着眼睛，眼泪都出来了。妈妈赶紧关了水龙头，然后

拿干净毛巾湿了水，帮乐乐擦眼睛。这时，乐乐眼睛勉强能睁开一点，可是还是疼得难受。妈妈随即拿下洗衣盆，把乐乐的手洗干净，然后让乐乐对着水龙头清洗眼睛。

"啊！终于重见光明了！"乐乐欢欣雀跃。可是看到满地狼藉的卫生间，乐乐不好意思地对妈妈说："妈妈，对不起！我本来想洗衣服的，可是……"

"来，我们先把卫生间收拾一下，然后妈妈教你怎么洗！"妈妈慈爱地摸摸乐乐的头。

乐乐感悟

1. 洗涤剂中含有化学物质，使用时要注意，以免弄到眼睛里。

2. 如果不小心将洗发水、洗涤剂弄到眼睛上，先把手洗干净，然后用干净的水冲洗眼睛。

3. 洁厕剂等去污力强的洗涤剂，最好不要触碰。

安全宝典

平时还有沙子等固体物质进入眼睛的情况，到时该怎么处理呢？"

1. 当沙子等异物进入眼睛时，眼睛不舒服会流出眼泪，这时可用手指捏住眼皮，轻轻拉动，使泪水将沙子等异物冲出来。

2. 也可以请人用食指和拇指捏住眼皮的外缘，轻轻向外翻，找到异物，然后用嘴吹出异物，或者用干净的手帕轻轻擦掉异物；翻眼皮时要注意将手洗干净。

3. 如果情况严重，如异物已经嵌入角膜，或者发现别的一些情况，千万不要随意自行处理，必须请医生处置。

九、雷声隆隆

　　乌云翻滚，狂风大作，雷声隆隆，眼看一场大雨就要来了。棒棒也加入人流当中，急匆匆地往家赶。

　　本来10分钟就可以走完的回家路，今天怎么这么慢啊？电闪雷鸣实在太可怕了，大雨会不会马上就来了？棒棒忍不住给爸爸打了个电话，可是爸爸还在加班，并说雷电交加时不要打电话。

　　不能打电话，算了，还是赶紧跑回家吧。棒棒穿过人流，连走带跑终于在大雨落地之前进了家门。哇！好累！棒棒一屁股坐到沙发里。嗯？爸爸妈妈还没回家，《少林海宝》

要开始了，赶紧看会儿电视吧！

刚把电视打开，就听见"轰隆隆""咔嚓嚓"的声音，再看电视，电视上都是雪花点。"这是怎么回事啊？"棒棒觉得好奇怪，连忙换其他台。

"嗯？"这是怎么回事啊！棒棒气得直拍电视。

"棒棒，你在干什么？"爸爸回来看见棒棒对电视又拍又打，赶紧关了电视。

"爸爸，电视是不是坏了？"棒棒小心地问。

"给你说过多少遍了，电闪雷鸣时不要看电视，说多少遍才能记住！"爸爸生气地说。

"我知道了，下次不敢了。"棒棒保证道。

"去，把电视插头拔掉！"爸爸边说边去关窗户。

"爸爸关窗户干什么？风吹着多爽！"棒棒拔掉插头，对爸爸关窗户十分不解。

"雷雨天还要注意关好窗户，防止闪电钻进屋里。"爸爸想趁机给棒棒讲讲雷雨天的安全常识，便耐心地讲道。

棒棒一边听一边点头。这时，他想起来妈妈还没回来，便拿起手机去拨号。

"棒棒，不要打手机！"爸爸见刚才的说教不起作用便大吼一声。

"刚才在室外不能打手机，现在是在室内啊！"棒棒说的貌似有些道理。

"雷雨天，不管室内室外都不要打手机，你可以给妈妈发个短信。"听到棒棒的分辩，爸爸真有些无奈。

"外边的雨可真大！"那是妈妈的声音。棒棒好兴奋，连忙接住妈妈的雨伞："妈妈你终于回来了，我正要发短信给你呢！"

棒棒感悟

1.雷雨天，不要站在房顶上或旗杆下，应该回家或在教室等坚固的建筑物内躲避。

2.遭遇强雷电时，应该关好教室或房屋门窗，以防滚球雷；不要触摸水管，不要接听固定电话、手机。

3.雷雨天，不要站在大树下躲雨，应远离电线杆、铁塔及其他金属杆。

4.遭遇强雷电天气时，不要靠近石壁，应在平坦的地方双脚并拢蹲下抱头。

安全宝典

除了要注意雷电天气安全，还有一些自然天气状况下的安全。

1. 外出旅游如果遭遇台风，要听预报，加固窗户安全。煤气电路要关好，同时要减少出行。

2. 外出旅游如果遭遇龙卷风，要在室内躲避，远离门窗，水源、电源全部关掉；如果在室外要趴在低洼处，不要钻进汽车里面。

3. 如果遭遇暴风雪，要背着风向慢跑，不要停留；如果积雪太厚，要远离松软的积雪，以免被覆盖；身体冻伤千万不要用火烤，要用冰雪搓洗来促进血液循环，让身体慢慢温暖。

4. 如果遭遇沙尘暴，最好躲进室内，并关好门窗；如果在室外要戴口罩，以免沙尘被吸入肺部。

十、蚊香袅袅

棒棒睡到半夜，又被蚊子连吵带咬地给弄醒了。

"死蚊子，我的血很好吃吗？看我明天对付你！"棒棒气坏了，一场好觉、一个好梦就这样被搅扰了。可是时间还早，棒棒只好继续去睡。

第二天，棒棒带着一身红疙瘩，奇痒无比地在学校忍受了一天。棒棒痛下决心：一定收拾这群小蚊子。

这不，一放学，棒棒就到超市里买蚊香了。到了蚊香专柜，乐乐看到了琳琅满目的各式蚊香，有电蚊香、液体蚊香、盘式蚊香。选哪一种呢？电蚊香、液体蚊香不好玩，还是盘

式蚊香有意思。可是盘式蚊香还有那么多种，到底要选什么呢？盘式蚊香是燃烧的，那么选一个好闻的。咦？这个是薰衣草味道，就选这个吧。薰衣草味是什么味，其实棒棒也不知道，他只知道薰衣草是一个美好的词。

　　到家后，棒棒好不容易写完作业，洗漱完毕，赶紧拆开蚊香，拿出来一盘，接着把支架拿出来，把蚊香插上，然后点着。可是，放哪里呢？桌子上不行，都是书，万一烧着了就完了；放床头柜上也不行，那里离头太近了，吸入这些气体对身体不好；啊哈，地上好开阔，干脆放地板上吧！蚊香

点着，香味袅袅，棒棒放心地入睡了。这一夜睡得很香很甜。

第二天起来，棒棒身上没有再添新的红疙瘩，可是头有点昏沉沉的。难道是蚊香熏的？嗯？蚊香去哪里了？难道连支架一起烧没了？

棒棒迷迷糊糊地洗完脸吃饭，饭桌上爸爸妈妈又开始絮絮叨叨了。

"要不是我发现得早，地板就烧着了，蚊香不能放在木地板上。"妈妈首先开口。

"棒棒啊，盘式蚊香不安全，香味太浓对身体不好，你看看你这昏昏沉沉的样子，就是被蚊香熏的。"爸爸接着说。

"我不吃了，就是个蚊香，值得吗？让我把饭吃完，好不好？"对于爸爸妈妈的唠叨，棒棒连胃口都没了。

好不容易吃完了饭，头还是昏沉沉的，都是被那该死的蚊子给闹的。"我长大后一定要发明一种安全无毒又有效的驱蚊产品。"棒棒心想。

棒棒感悟

　　1.点燃的蚊香要放在支架上，支架可以放在水泥地上、金属盘上，千万不要放在书桌、木板(木地板)等易燃物上。

　　2.点燃的蚊香要放在远离窗帘、蚊帐、衣服等可燃物的地面上。

　　3.使用电蚊香时，也要放在远离纸、木器等易燃物的地面上，不用时应立即拔掉插头。

　　4.为了安全起见，不要选择香味太浓的蚊香；点燃的蚊香最好不要放在头部附近，以减少烟雾的吸入。

安全宝典

蚊虫叮咬好难受，我给大家介绍几种驱蚊方法。

1. 最好选择在室内无人时驱蚊灭蚊，这样可以有效防止中毒。

2. 在卧室放几盒揭开盖子的清凉油或者风油精，或者摆放茉莉花、米兰、薄荷等，蚊子因为不喜欢这种味道就不会飞来了。

3. 生吃大蒜或者口服维生素 B 族，经人体新陈代谢后汗液排出体外，会产生蚊子不敢接近的味道。

第三章　户外篇

一、行走街道要当心

好不容易到了周末，可是乐乐、棒棒他们怎么都高兴不起来，他们还要去上各种辅导班。走在上辅导班的路上，棒棒似乎还没睡醒，一脸的困倦；而乐乐呢，噘着个嘴，似乎有天大的委屈。

哎，天下幸福的孩子各有各的幸福，而"不幸"的孩子都是一样，那就是上学；比上学更痛苦的事情是什么，那就是上辅导班；比上辅导班更痛苦的事情是什么，那就是每周都要上辅导班；比每周上辅导班更痛苦的事情是什么，那就是在狂风中走在上辅导班的路上……

迎着风，棒棒和乐乐沉浸在各自的痛苦里，低着头，迟缓地移动着双脚。可是在低头行走的时候，谁知道前方会有什么在等着你？

"乐乐，小心！"棒棒一把抓住了乐乐。随即，"咣当"一声，接着又是"啪嚓"一声，一个门牌被狂风掀起来又摔在地上。乐乐一下僵在那里，眼睛将要蹦出眼眶，嘴张得可以圈圈放一个鸡蛋。

"还不谢谢我，要不是我拉着你，你可能已经头破血流了。"棒棒一副英雄的样子。

"咒我是吗？快走，要迟到了！"乐乐心里对棒棒充满了感激，可是嘴里就是说不来"谢谢"两字。

风终于小了一些，乐乐吸取刚才的教训，昂首挺胸，目视前方。棒棒呢？因为刚才帮助乐乐躲过了一场灾难，棒棒高兴得脸上早已开出了花。

太好了，过了前面的红绿灯，就到辅导班了。胜利在望啊！

"还有两秒就是绿灯了，乐乐快点！"棒棒拉着乐乐的

胳膊就往前跑。刚到人行道上，绿灯就亮了。棒棒兴奋地继续前进。走到马路中间的时候，乐乐一把抓住了棒棒。就在这时，一辆左转电动车疾驰而过，贴着棒棒的书包"唰"地一下就过去了。这下，轮到棒棒大吃一惊了。

又一个惊险之后，二人终于顺利通过马路。

"还不谢谢我？要不是我拉着你，你早已缺胳膊少腿了。"乐乐一副女侠的样子。

"咒我吗？快走，到了！"棒棒对乐乐也充满了感激，可他也不好意思说出"谢谢"二字。

"哈哈！"二人相视一笑，赶紧朝辅导班跑去。

棒棒感悟

哈哈！

1. 在道路两侧的人行道上行走，要远离旁边的楼房，以免异物坠落伤人。

2. 穿越马路时，要"绿灯行，红灯停"，要走人行横道，在有过街天桥或地下通道处，应自觉走过街天桥或地下通道。

3. 不要突然横穿马路，要注意避让车辆。通过时，要先看左边的来车，到路中间要看右边的来车，确认安全时才可以通过。

4. 走路时若超过三人一起走，尽量不要并排走，那样会挡住其他人的路。

安全宝典

夏日的海滩，多么令人向往。不过，大家一定要注意安全哦！

1. 不要想抄近路而翻越道路中间的安全护栏或隔离墩。

2. 绝对不要在道路上扒车、追车、强行拦车或抛物击车，这样做极其危险，极易造成意外事故。

3. 不满 12 岁的同学，不能在道路上骑车。

4. 要注意辨识常见交通标志。

注意行人

注意儿童

注意危险

注意信号灯

二、安全乘坐公交车

　　上舞蹈班的时间到了，乐乐飞速准备好跳舞用品，就要出门。

　　"注意安全！"妈妈不忘交代一句。

　　是啊，上次上辅导班的惊险经历还历历在目，这次一定要注意安全。想到上次是因为心情不好才没注意前方危险，而今心情大好，那么去辅导班的路一定很顺利，乐乐蹦蹦跳跳地出了小区。

　　上次走路不安全，那么今天坐公交车吧。很快到了站台，看到站台上人头攒动，人们都在朝车来的方向翘首眺望。车

来了，很多人一拥而上，但这不是乐乐要坐的车。可是挤在人群中，乐乐被人流裹挟而走。正在这时，车开走了，挤不上车的人们又重新返回站台，乐乐终于可以钻出人群透口气。

105路缓缓驶来，那正是乐乐要坐的车，可是车里黑压压的都是人。乐乐正在犹豫要不要挤上去，这时车已经开过来，看看表，时间不多了，没办法，挤上去吧。站牌还在前方，车还在往前移动，乐乐赶紧跟着公交车往前跑，乐乐身前身后都是追车的人。

终于开门了，身强力壮的很快挤上了车，可是乐乐还在人群中挣扎。深吸一口气，找准人群中的空隙，乐乐顺利地钻进去，跨入车门。乐乐一只脚刚站稳，另一只脚还没站

稳，车门就关上了。乐
乐几经挣扎终于调整好
位置，手没有地方抓，
只好抓住投币箱。

小朋友小心啊！

摇摇晃晃几站过去
了，公交车上的人下去
了很多，乐乐也逐渐往
下车门移动。

"车辆启动，请坐稳扶好！"报站器里不断地播放着提醒录音，乐乐够不到扶手，只好扶着椅背跟跟跄跄地往前移动。突然一个刹车，乐乐重心不稳往前倾，"小朋友，小心啊！"一位热心的阿姨扶住了乐乐。

这时，报站器响起："青少年宫到了，请带好随身物品从下车门下车。"乐乐到站了，她一边下车，一边回头说："谢谢阿姨！"

下了车，乐乐回头看着公交车驶向远方，不禁长出一口气："公交也不好坐啊！"

乐乐感悟

公交也不好坐啊!

1.站台上文明等车,不要拥挤、打闹。

2.要排队上车,不要追着公交车跑动,那样很容易发生事故。

3.在公交车上,不要站在上下车门、投币箱等位置,这几个地方不安全。

4.在公交车上一定要抓稳、扶好,保持身体平衡。

安全
宝典

1.除了抓稳、扶好、保持身体平衡外，还应增强防被偷、防摔伤等意识，以免发生不必要的伤害。

2.公交车上若有座位，千万不要打瞌睡，这样很容易在刹车、转弯时发生事故。

3.不要在公交车上把手、头伸出窗外，不要吃竹签串起的食物，这些行为都容易发生意外。

4.公交车上来往人员很多，坐完公交车一定要注意洗手。

三、湖面荡舟

终于等到了阳春三月、草长莺飞的时节，终于等到了爸爸妈妈有空的时候，棒棒终于如愿以偿地和家人一起春游。

棒棒一家选定了春游目的地，带足了食物、饮料就出发了。到了中心公园，看看正在努力生长的小草，看看开得正酣的迎春、连翘，棒棒也仿佛受到了生命的感染，精气神儿十足。

"爸爸，我要划船！"看到不远处，水面上荡漾着各式小船，棒棒也想在水面上一显身手。

"好主意！走！"看到清澈的湖水，爸爸也很兴奋。三人一起往湖边走去，湖边柳枝低垂，柳芽初现，一副生机勃勃的样子。

三人选择了一条无篷的手动桨木船，爸爸坐船头，棒棒坐中间，妈妈坐船尾。"哈哈，这才叫划船！"坐到船上，棒棒抢到一个桨就开始划。可是棒棒和爸爸划水的方向不一致，他们的船原地不动。

"棒棒，把桨给妈妈！"爸爸一边用桨划水，一边对棒棒说。

　　"要想让船前进就要朝反方向划啊，儿子！"这时候，还是妈妈了解棒棒。

　　棒棒还是很聪明的，一点就透，船终于开动了。小木船上一家三口，有说有笑，好不惬意。

　　"快看，金鱼！"棒棒总说自己火眼金睛，这不，他又第一个发现了自由游弋（yì）的一群金鱼。

　　"好漂亮！"棒棒看到金鱼可爱的模样，忍不住放下桨，就要去抓。

　　"棒棒，小心，桨掉水里了！"爸爸一边喊，妈妈一边赶紧抓住就要漂走的桨。

　　此时，棒棒的兴趣已经完全被金鱼吸引了。就在妈妈把桨捞上来的同时，棒棒已经侧身趴在船帮上，一只手扶着船，一只手伸进水里试图去抓金鱼。

　　棒棒再灵活，在水里也没有金鱼来去自如啊！所以啊，当棒棒的手刚一摸到金鱼，金鱼就倏地游走了。可是，棒棒还来不及调整身体姿势，小船因为力量不均，发生了倾斜。

　　"棒棒快坐好！危险！"听到爸爸的话，棒棒才发现船已经倾斜得很厉害了。

　　"哇哦！好危险！"棒棒坐好，向爸爸吐了吐舌头。

　　这时，限定划船的时间也到了，三人划着船晃晃悠悠到了岸边。

棒棒感悟

　　1. 户外游玩，一定要有家长、老师等成年人带领。

　　2. 水面上划船，一定要掌握技巧，听从家长、老师的指导。

　　3. 划船时不要在船上乱动、打闹，更不要随意伸手、伸脚到水里嬉戏，这样很容易发生危险。

　　4. 上船、靠岸时，一定要在工作人员的帮助和指引下进行。

1.野外游玩时一定要穿轻便的运动鞋或旅游鞋。

2.活动中不要随便单独行动，应结伴而行，以免发生意外。

3.不要随便采摘、食用蘑菇、野菜、野果，以免发生食物中毒。

四、安全爬山

　　清明小长假，妈妈开恩，放弃辅导班课程，和爸爸带乐乐一起去爬山。

　　听到这个消息，乐乐简直不敢相信自己的耳朵，就妈妈那么严肃认真的人，怎么会带我去玩呢？乐乐只好向爸爸求证，得到爸爸的肯定，乐乐高兴得简直想"弹冠相庆"。哦，不不，"弹冠相庆"是个贬义词，这里用好像不合适，大家不要学啊！

　　确认消息之后，乐乐开始收拾东西。要带什么呢？有诗云"清明时节雨纷纷，路上行人欲断魂"，那雨衣是一定要

带的；然后，万一晕车怎么办？晕车药也是要带的；再然后，万一摔跤呢？创可贴也是要带的。啊——带这么多东西，是不是要背包呢？对了，乐乐的"Hello Kitty"淑女斜挎包还没见过世面呢，当然要背它了。

第二天，天气不错，由于是短途游，乐乐一家三口不到10点就来到了五台山脚下。五台山不仅是佛教名山，也是风景胜地。看到巍然屹立、景色宜人的大山，一家三口精神满满地开始攀登。

乐乐兴致勃勃地爬了好大一会儿，似乎有些累了，抬头望望山顶，好像还有一大半的路程。唉，好累！乐乐的笑脸红彤彤的——拜托，那绝对不是热的，是冷的。仲春时节，虽说气温适宜，可是五台山是越高越冷。乐乐有些后悔，没听妈妈的话，多穿件棉袄。爸爸看乐乐的样子，只好把自己的外套给乐乐穿上。

歇息了一会儿，三人继续往山上爬。咦？这里好美啊！云蒸霞蔚，烟光凝翠，细草杂花，千峦连绵，好像快到锦绣峰了。

"爸爸，我要拍照！"乐乐见此美景，顿时明白了"心旷神怡"这个词的意思。还没等爸爸站好，乐乐已经摆好了拍照的姿势。

"这里危险，你先扶好！"爸爸见此地陡峭，人又多，赶忙提醒乐乐注意安全。

"等等，我要把你的外套脱掉！"乐乐突然想起来穿着爸爸的外套不漂亮，赶紧脱下外套扔给妈妈。就在乐乐扔出衣服的瞬间，一个趔趄，差点摔倒，妈妈眼疾手快，迅速抓住乐乐。

"爸爸，快啊！"可是乐乐丝毫没有意识到危险，还催促着爸爸照相。

"咔嚓"，爸爸摁下了快门，爸爸定格的不是乐乐笑靥（yè）如花，而是刚才的惊险一幕，他要给乐乐一个安全警示。

爬啊爬，终于到了山顶，可是山顶还有积雪。真冷啊！三人选择了索道迅速下了山。唉，准备工作没做好，好像没有玩尽兴啊！

乐乐感悟

下次一定要准备充分

1. 外出旅游时，一定要充分了解旅游目的地的气候、天气状况，并做好相应的准备。

2. 最好随身携带晕车药、中暑药、创可贴、清凉油等急救药品，以便在发生晕车、中暑，甚至摔伤、碰伤、扭伤时使用。

3. 登山时最好选择双肩包，双肩包不仅可以均匀负重，而且方便双手抓攀。

4. 爬山时，不要在陡峭的山路上、悬崖上拍照，那样很容易发生意外。

安全宝典

爬山是了乙美妙的休闲方式啊，要想顺要舒心地爬山，大家一定要注意哝——

1. 爬山时一定要选择安全的爬山路线，不要因为一时好奇而选择一条新路，那样很容易发生意外。

2. 如果是为了观日出而爬山，山上比较冷，要注意保暖；还要准备手电等工具，以备照明之用。

3. 爬山时要带足饮用水，以便及时补充水分；同时还要做好防晒措施，以免皮肤晒伤。

五、可怕的"亲密接触"

周末，乐乐和小美结束舞蹈班的课程，常常一起逛逛小吃店、饰品店。不过，对乐乐、小美这样爱美的小女生，饰品店才是她们的最爱。

这一条街上，有很多饰品店、玩具店、精品店，乐乐、小美兴高采烈地出入于每一个店铺。不过，她们最喜欢光顾的还是"卡哇伊"那家店。这家店是一位帅气的大男孩经营的，店里的饰品不仅精美漂亮，而且店老板人很和气，常常送一些小玩意儿给她们，很受小顾客的欢迎。

乐乐和小美逛了一圈之后，还是情不自禁地走进了那家店。店老板大男孩目光很锐利，还没等乐乐和小美走进来就打开门，做了一个欢迎的手势："两位小妹妹，欢迎欢迎啊！"

"叔叔，有什么新饰品吗？"小美一进店里，就两眼放光。

"当然有了，你看这个毛茸茸的发饰，还有韩版蝴蝶结，这都是刚到的。"店老板热情地展示着。

"乐乐，快帮我看看这个蝴蝶结怎么样？"小美一边招呼乐乐，一边拿着蝴蝶结在头上比画。

"小妹妹，来，让我帮你！"店老板拿起蝴蝶结，熟练地扎在了小美头上，"哇哦，小妹妹，你戴着它太漂亮了！"

"好漂亮，小美！"乐乐羡慕的目光让小美的心里美滋滋的。

"小妹妹，这个蝴蝶结就是为你准备的！你就戴走吧！"店老板一边笑嘻嘻地望着小美，一边顺手帮她理了理遮住眼

睛的一绺头发。而小美
还在自我陶醉中，对于
店老板的亲密举动毫无
反应。

乐乐此时正对一个
卡包感兴趣，在她抬
头的瞬间瞥见了店老板
的举动，她想提醒小美
却又担心别人认为她多
心。正在乐乐纠结的时
候，店老板已经弯下身
子，手已经移到了小美的脸上。

"住手！"乐乐再也看不下去了，严厉地大喊一声。

"你干吗？"小美也终于从自我陶醉中醒悟，挣脱店老
板的手。

"走，小美，我们走！"乐乐拉住小美就往外走，而小
美一把抓住头上的蝴蝶结扔在地上，"再也不来了！"

店老板的脸在众目睽睽之下都绿了，其他人也纷纷带着
鄙夷的目光离开了他的小店。

乐乐感悟

走，小美，我们再也不来了！

1. 小女生一定不要陶醉于漂亮的饰品、衣服，尤其是当没有大人陪伴时，这种爱美的心很容易被坏人利用而遭侵犯。

2. 小朋友一定要注意保护自己的身体不被"亲密接触"，自己的身体只有爸爸妈妈才可以接触，其他人如老师、父母的朋友也不能随便接触自己的身体。

3. 在医院就医或者体检时，如果医生要接触自己的身体也要经父母同意。

4. 万一遇到侵犯自己的行为，一定要严厉制止。遇到伤害一定要勇于举报，一味软弱只会再次受到伤害。

安 全
宝 典

1. 平日外出尽量结伴而行，不单独与陌生人到森林、公园或人少的地方去。

2. 不要去酒吧、KTV 等娱乐场所，不饮用来历不明的茶水等饮料。

3. 上网时，不浏览不良网站，不留下自己的真实姓名、班级、电话、住址等资料，不与陌生人见面。

4. 遇到侵害、伤害时，要记得拨打报警电话110。

六、遭遇沙尘暴

　　棒棒总说自己赖床是因为冬天总想着冬眠，这不，现在已经是春暖花开了，棒棒被春天的气息吸引着，最近总是起得很早。起得早了，棒棒就能有充裕的时间收拾好自己，从容地吃好早餐，然后从容地背起书包上学。

　　"妈妈，我上学去了！"棒棒背起书包，换好鞋准备出发。

　　"今天有沙尘暴，把这个戴上！"妈妈拿着口罩正要给棒棒戴上。

　　"嗯，我路上再戴！"棒棒一把抓过口罩，就走了。

　　"出门把帽子也戴上！"看着棒棒下楼的背影，妈妈还

不忘交代一句。

　　沙尘暴有什么可怕的，妈妈真是多此一举，面对妈妈的语重心长，棒棒总觉得太啰唆。

　　可是一出楼洞，棒棒就发现，情况不对啊！灰蒙蒙的天，太阳无精打采地在沙尘的掩映下若隐若现，再看地面上的植物、轿车等，一切都被沙尘覆盖着。这番景象，让棒棒的大好心情消散殆尽。

　　棒棒低着头慢慢走出小区，突然听到萧萧的风声，棒棒连忙抬头，只见一阵狂风裹挟着沙尘席卷而来。"啊——黑风怪来了！"棒棒连忙拿出口罩戴上。刚戴上口罩，"黑风怪"就已经强袭而来，棒棒又连忙伸手到脑后去找帽子。可是，

"黑风怪"实在太厉害了，还没等棒棒"武装"完毕，"黑风怪"已经把沙尘撒得棒棒满身都是。

哎，沙尘暴的力量太强大了，棒棒全无招架之力，只好把帽子戴上，把拉链拉到底，把脖子盖得严严实实，然后又把口罩往上扯扯，只剩下两只眼睛。"武装"完毕，看着自己的模样，棒棒觉得好滑稽。

滑稽归滑稽，学还是要上的。棒棒一路迎着沙尘暴的侵袭，艰难地前行着。沙尘暴虽然可恶，上学的路虽然走得有些艰难，但是这一路上，棒棒还是发现了很多可乐的事情。

瞧，那位叔叔好潮，头上那红通通的是什么？哈哈，原来是头上套着红色的塑料袋。哇哦，那位阿姨用玫红的丝巾盖着头、遮着脸，不仅可以在不影响视线的情况下挡风沙，还可以保持若隐若现的神秘的美。

"嘿嘿！下次再来沙尘暴，我也准备个丝巾！"棒棒偷偷一乐。

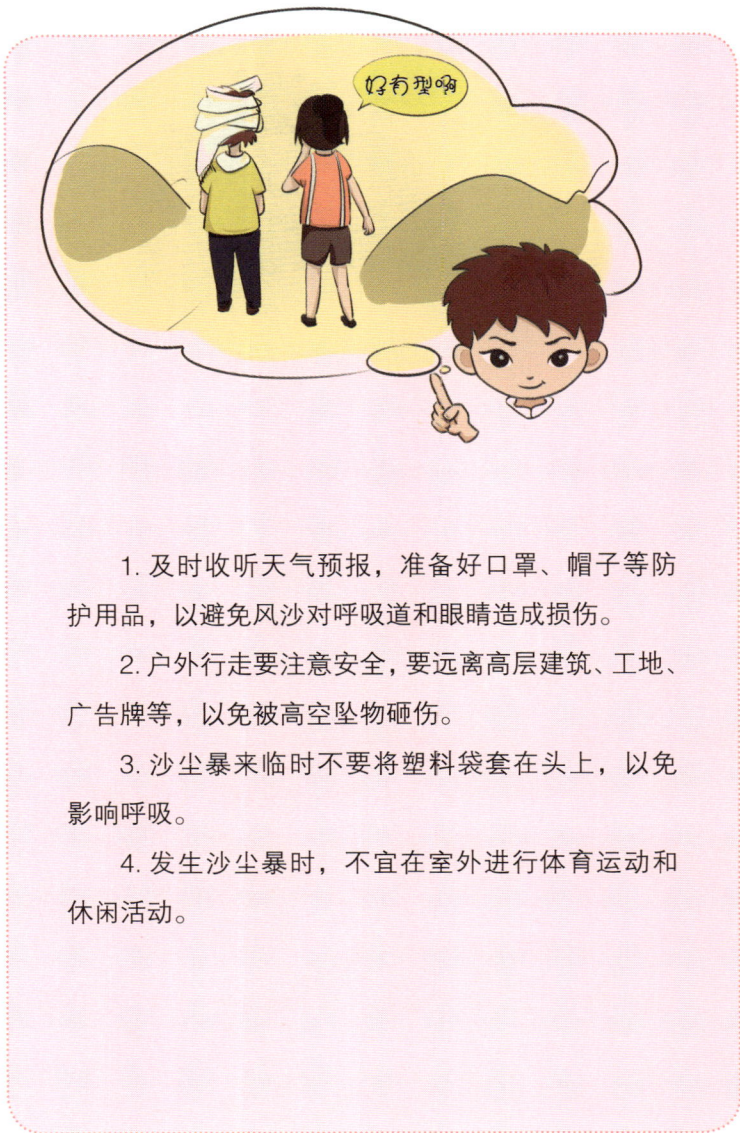

好有型啊

1. 及时收听天气预报，准备好口罩、帽子等防护用品，以避免风沙对呼吸道和眼睛造成损伤。

2. 户外行走要注意安全，要远离高层建筑、工地、广告牌等，以免被高空坠物砸伤。

3. 沙尘暴来临时不要将塑料袋套在头上，以免影响呼吸。

4. 发生沙尘暴时，不宜在室外进行体育运动和休闲活动。

安全
宝典

1. 发生沙尘暴时，行人要在牢固、没有下落物的背风处躲避。

2. 沙尘暴发生时，应及时关闭好门窗，以防止沙尘进入室内。

3. 风沙天气从户外进入室内，应及时清洗面部，用清水漱口，清理鼻腔，有条件的应该洗浴，并及时更换衣服，保持身体洁净舒适。

4. 沙尘天气一旦有沙尘吹入眼内，不要用脏手揉搓，应尽快用清水冲洗或滴眼药水，保持眼睛湿润易于尘沙流出。如仍有不适，应及时就医。

七、夏日海滩

　　生活在内陆的孩子，对于大海的向往是无法用言语来形容的。对棒棒这样的男孩子来说，迎着海风驰骋在大海上，是多么刺激的一件事。

　　为了能够达成这个愿望，棒棒和爸爸妈妈签了协议——期末各科成绩都在80分以上，并且不被老师请家长，就可以达成青岛三日游。真是功夫不负有心人，经过艰苦卓绝的努力，棒棒终于达成了目标。

　　旅途劳顿之后，现在，棒棒就穿着泳装站在青岛的银沙滩上。迎着海风，望着蔚蓝的大海，听着海涛拍

岸，棒棒觉得一切的辛苦都是值得的。

"棒棒，别发呆了，快过来！"妈妈远远地招呼着。

"我在日光浴呢！"棒棒兴奋地说。

"傻孩子，日光浴之前一定要厚厚地涂上一层防晒霜……"妈妈边说边往棒棒身上涂。

"女孩子才涂防晒霜，我不要！"棒棒一边跑着，笑着；妈妈一边追着，妈妈一边涂着。

"棒棒，快别闹了，没有防晒霜的保护，你会被晒伤的！"爸爸一把拉住棒棒，妈妈赶紧给他浑身涂了个遍。

"爸爸，我们游泳去吧！"刚涂完防晒霜，棒棒就要下水。

"等等，戴着游泳圈，下水之后一定要注意水母、鲨鱼等！"爸爸赶紧叮嘱棒棒下水之后的注意事项。在水里，棒棒套着游泳圈，尽情地游着，爸爸妈妈随扈（hù）在身旁，

生怕他有任何闪失。咦？那是什么？像桃花一样在水中漂着，棒棒就要伸手去捞。

"棒棒，快住手！危险！"看到棒棒的举动，爸爸赶紧阻拦。

"它们多漂亮，不会有危险吧？"棒棒总觉得爸爸在吓唬他。

"它们是水母，不小心碰上就会被蜇伤！"妈妈上前一把拉住棒棒将他拖上岸。哎，真是扫兴，刚兴奋起来就被抓到岸上，棒棒一脸的不高兴。

"别不高兴了，我们去坐摩托艇！"爸爸提议道。

"对，坐摩托艇，我们都穿件衣服再去！"妈妈拿出沙滩服递给二人。穿好衣服，三人租了一条摩托艇驰骋在海面上，那种面朝大海，迎着海风的感觉真不错！

棒棒感悟

1.到海边游泳一定要带好防护用品,包括太阳镜、防晒霜、游泳衣、沙滩拖鞋等,并且做好防晒措施。

2.在海边游泳还要带着创可贴(以防划伤)、清凉油(以防中暑)等药品,以备不时之需。

3.到了海边,换好游泳衣后,稍微活动一下身体,喝点水,吃点东西,切记不可吃得过饱,不然入水后会很难受的。

4.在海边如果不下水,最好穿件衣服,戴着帽子,这样可以防止晒伤。

安全
宝典

1. 在海边游泳，一定要注意不要被水母蜇到，不要被鲨鱼侵袭。

2. 应在设有救生人员值勤的海域游泳，并听从指导及勿超越警戒线。

3. 海边戏水，不要依赖充气式浮具（如游泳圈、浮床等）来助泳，万一漏气，无所依靠，容易造成溺水。

4. 尽量不要在退潮时游泳，以免退潮时往回游时体力消耗过大发生意外。

八、大雪纷纷

　　这节是语文课，老师正在讲如何观察生活。"快看啊，下雪了！"不知谁喊了一声，打破了教室的宁静。大家立即反应过来，纷纷趴到窗户边。"今天刚好下雪，也是观察的好机会，大家一定要仔细观察下雪啊！"看到同学们的兴奋劲儿，老师只好鼓励大家好好观察。

　　鹅毛般的大雪纷纷扬扬地落下来，一会儿工夫地面就变白了。"哇哦，好棒！"同学们高兴地叫起来，这可是盼了又盼的大雪啊！照这么下去，等到下午放学肯定会有厚厚的积雪，到那时……哈哈，好棒！

这雪还真给力，飘飘洒洒一直在下。盼啊盼，终于盼到放学的时候，没等老师交代完毕安全事项，大家早已下了楼。校园里原本白茫茫的一片安静景象，终于被放学的铃声唤醒了。同学们冲出教学楼，抓起一把雪就相互砸起来。

"吃我一记原子弹——"棒棒滚了个雪团就往乐乐身上砸。

"啊——"乐乐没有防备，中弹了，小脸都红了。

"死棒棒，站住！"等乐乐反应过来，棒棒已经蹿出了校园。

此仇不报非君子，乐乐手里攥着雪团也赶紧追了出去。马路上的雪早已被汽车碾平了，棒棒和几个小男生正在马路上滑行。

"棒棒快闪开！"乐乐正要发作，突然发现后面开过来一辆红色轿车，连忙提醒棒棒他们。"嘀——嘀——"汽车也鸣起了喇叭。

棒棒他们听到汽车喇叭响这才发现自己的危险处境，他们连忙往边上走，可是路太滑了。

"啊——"棒棒一个趔趄摔倒了，接着拉着棒棒的朋朋也跟着摔了一跤。

"哎哟！"棒棒和朋朋相互搀扶着站起来。"小子，注意点！"红色轿车司机看他们没事，留下句话就开走了。

"棒棒哦，恶有恶报，呵呵！"乐乐看棒棒他们没事，调侃道。

"哼，哪有你这样落井下石的啊！"棒棒刚才摔那一跤，屁股还在隐隐作痛，再听到乐乐的调侃，棒棒真是囧啊。

"小心前面，有个坡！"调侃归调侃，当看到危险，乐乐还是想到了棒棒的安危。棒棒和朋朋这对难兄难弟终于在乐乐的提醒下，结束了自怨自艾，小心翼翼地走下斜坡。"谢谢哦！"棒棒不好意思地道谢，此时他觉得乐乐还是挺可爱的。

谢谢你！

棒棒感悟

1. 下雪天一定要注意防寒保暖，注意不要冻伤。

2. 不要趁人不防备，用雪球攻击同伴，那样容易造成伤害。

3. 雪天路滑，要小心行走，不要在路上滑行，不要在斜坡上滑行。

安全宝典

下雪很好玩，但大家也要注意安全防护喔！

1. 要防滑，出行时宁可走在积雪上，也要避开浮冰和积水，这样会有效防止意外跌倒。

2. 要防摔，出行时尽量不要骑车，要穿防滑的雪地靴。

3. 要防砸，降雪很大的时候，人行道上的树枝会有压断的危险，行人应远离。

4. 要防磕，由于雪的覆盖，道路上很多"陷阱"会被遮住，因此要千万小心，注意低洼、井盖、建筑材料上的钉子等。

九、和父母走散了

　　元宵节到了，为了这美妙的夜晚，乐乐一家人早早吃了元宵，就奔人民公园去了。人民公园不仅有花灯，还是观烟火最佳之地。乐乐一家到达那里时，已经快到放烟火的时间了，只见花灯璀璨、人潮涌动。

　　随着人群，乐乐他们缓缓移动到了公园的中心，那里有一个巨大的"龙腾中华"灯，光彩夺目。看着这么漂亮的灯，乐乐就要往花灯前凑。爸爸一把拉住乐乐："乐乐，烟火马上就开始放了，我们要占据有利地形啊！"

　　刚站好，就听见"噼噼啪啪"的声音，随即巨大的红色

礼花在空中绽放，人群中传来了欢呼声。可是，挤在人群中，乐乐踮起脚尖，使劲仰头，还是看不到烟花的全貌。乐乐只好在人群中往前挤，挤啊挤，乐乐终于挤到了公园中心舞台的边缘。这时，乐乐终于又听到了"噼噼啪啪"的声音，"哇——好棒！像天女散花！"乐乐兴奋得简直要跳起来。

而那边，乐乐的爸爸妈妈看到精彩的烟火，正准备抱乐乐起来看时，却发现乐乐不见了。"乐乐！乐乐！"爸爸妈妈拼命地喊。可是烟火声、嘈杂的人声太大，乐乐根本听不见。

烟花在空中绽放了半小时，乐乐也兴奋了半小时。当最后的烟花璀璨落幕，人群开始散开时，乐乐这才发现爸爸妈妈不在身边。"爸爸！妈妈！"乐乐拼命地喊，可是听不到任何回应。这可怎么办啊？乐乐急得泪光闪闪。就在这时，乐乐看到正在指挥疏散的警察。乐乐的眼中顿时闪现出希望的光芒。

"警察叔叔，我和爸爸妈妈走散了！"乐乐跑到一个年轻警察身边寻求帮助。

"小朋友，你知道爸爸妈妈的电话吗？"警察一边安慰乐乐，一边设法帮助乐乐。

"叔叔，你帮我打一下爸爸电话，他的电话是137……"乐乐将爸爸的电话告诉警察。

警察叔叔帮乐乐打了电话，爸爸妈妈很快就过来了。

"谢谢警察同志，给你添麻烦了！"爸爸一边给警察道谢，一边去抱乐乐。

"应该做的，看好孩子！"警察把乐乐交给爸爸妈妈，这才放心离去。

"我们看花灯吧！"虚惊一场，乐乐还没忘记花灯。

龙腾中华

乐乐感悟

1. 在游乐场所、商场等地方与父母走散时，千万不要慌张，要积极想办法找到父母。

2. 可以站在原地等父母回来找自己，也可以请警察、相关工作人员帮忙广播、打电话找父母。

3. 千万不要随便找人求助，特别是在人员杂乱的车站、码头等，一定要找相关工作人员或警察。

安全
宝典

1. 平时要准确记下自己的家庭地址、电话号码以及父母的工作单位、地址、电话号码，以便需要时及时联系。

2. 在城市迷了路，可以根据路标、路牌和公共汽车的站牌辨认方向和路线，还可以向警察求救。

3. 在旅游景点迷路，千万不要慌张，要向景区工作人员寻求帮助。

十、令人窒息的塑料袋

自从有了目标之后，棒棒学习上变得勤奋多了。今天，不知道是作业少还是状态太好了，棒棒很早就写完了作业。可是还没到看电视的时间，电脑也被爸爸密码锁定了，棒棒觉得好孤独、好寂寞。

时间很宝贵，不能让它就这样白白流逝。想到这里，棒棒在屋里转来转去，试图找点事情做。

啊——那是什么？只见飘窗上静静地躺着一个红色塑料袋。对了，有条件要玩，没条件创造条件也要玩。棒棒拿起那个躺了很久的塑料袋——那是装苹果的袋子，苹果吃完了，它却被遗忘在那里。如今，它被棒棒重新捡起来，不知道会不会有一种重新被发现的快乐。抖了抖上面的灰，棒棒一脸兴奋。真是莫名其妙啊，一个塑料袋会让他这么兴奋？

棒棒走出房间，偷偷溜到厨房门口看到妈妈正在聚精会神地做饭，于是蹑手蹑脚地溜进妈妈的卧室。鬼鬼祟祟地，棒棒漂移到了梳妆台前，小心翼翼地在妈妈的化妆品里找什么。这么多瓶瓶罐罐，哪个是啊？女人真是麻烦！棒棒看着一瓶又一瓶化妆品真的很头大。嗯？是这个吧？棒棒拿起一个别致的瓶子，瓶子里有淡黄色的液体，打开瓶盖，摁一下，一股幽香扑鼻而来。

嘿嘿，就是它了。棒棒回头朝门的方向看了看，没有什么异常。棒棒一手拿着刚才准备好的塑料袋，一手拿着妈妈的香水朝塑料袋里一阵猛喷。哇哦——满屋生香啊！

棒棒喷够了，把香水放回原位，然后把塑料袋朝头上一

套，一阵风一样地跑回自己的房间。哇！真香啊！把香味装在塑料袋里一定可以保存很长时间。棒棒乐滋滋地想着，突然他感觉呼吸不畅，好难受啊！原来塑料袋紧紧地吸附在棒棒的鼻子上、嘴巴上。棒棒赶紧去撕扯塑料袋，可是它的吸附性太强了，棒棒感觉头越来越晕了。糟了，就是被妈妈打一顿，也不能死在塑料袋里。想到这里，棒棒鼓起勇气喊道："妈妈！妈妈！"

听到儿子怪异的呼喊，妈妈赶紧放下手中的菜。一进房间，看到棒棒已经瘫到了床上，妈妈立即去撕掉棒棒头上的塑料袋。"棒棒！棒棒！没事了！"妈妈焦急地呼唤着棒棒。棒棒慢慢睁开双眼："妈妈我错了，别打我！"

棒棒
感悟

妈妈我错了，
别打我！

1. 塑料袋的密封性、吸附性很强，千万不要把塑料袋套在头上，以免影响呼吸。

2. 不要因为好奇，往塑料袋里喷香水、杀虫剂等东西，更不要将喷了这些东西的塑料袋往头上套，这样很容易中毒。

3. 不要对着塑料袋吸泡泡玩，这样很容易堵塞呼吸系统，引起窒息。

安全宝典

尽管塑料袋为我们的生活带来了很多便利之处，但我们还是要少用并安全使用塑料袋。

1. 用 PE 材料制作的塑料袋、保鲜膜是安全环保产品，可以用来包装、储存食物。

2. 超市中卖的馒头、香肠等熟食，大多包裹一层保鲜膜，应把直接贴在食品上的保鲜膜撕掉后再储存。

3. 并不是所有食品都适合用保鲜膜。水分较大的蔬菜、水果比较适用，可锁住食品中的水分和维生素。而一些熟食、热食、含油脂的食物，特别是肉类，则不太适合用保鲜膜包装贮藏。

4. 乐乐：虽然塑料袋为我们的生活带来了很多便利，但我们还是要少用并安全使用塑料袋。

第四章　游戏篇

一、冰上惊魂

"哎,寒假真无聊!"过完春节,爸爸妈妈都上班去了,乐乐在家写作业、看电视、练琴,可是总觉得一个人的生活太无趣。对了,好久没滑冰了,叫上棒棒到湖面上滑冰吧!

乐乐给棒棒打了电话,就拎上溜冰鞋往院子里跑。很快,乐乐就来到了小区的人工湖。人工湖很大,周围有亭台花圃,湖边的柳树虽然还没发芽却也摇曳生姿,远远望去,湖面已经因严寒结了厚厚的冰。

"嘿,乐乐,我来了!"棒棒拎着溜冰鞋,"在这里溜冰真是好主意啊!"

"那是，一有好事我就想到你，我对你好吧！"乐乐一副得意扬扬的样子。

"哎！你真好啊！"棒棒一边穿溜冰鞋，一边回敬乐乐。

"嘿！你这小子，说得很不情愿啊！"乐乐一听这话就想把棒棒暴打一顿，可是棒棒身手真是敏捷，还没等乐乐碰到自己，就在湖面上滑动了。

"棒棒，给我等着！"乐乐坐在湖边的石头上，脱下靴子，换上溜冰鞋，"哇，真凉！"乐乐小心翼翼地扶着湖边的石头，好不容易才踏上湖面。

"哈哈，你来追我啊！追我啊！"棒棒看到乐乐笨笨的样子挑衅道。

"哼，来就来，谁怕谁？"乐乐心里不服气，可是在冰面上滑起来还是令人心惊胆战的样子。

"乐乐，好笨！看，像我这样！"棒棒虽然嘴上在挑衅，

可看到乐乐的样子，还是忍不住要教她适应冰面。

　　"哼，谁要你教，刚才只是不适应，看，我现在多娴熟！"乐乐似乎很快就找到了冰面的运动感觉，在湖面上灵动如燕子飞舞。

　　"乐乐，小心，那边的冰很薄啊！"棒棒看到乐乐悠然

自得而忘掉关注脚下的环境，赶紧提醒道。

"啊？在哪儿？在哪儿？"乐乐一时慌张，似乎失去了判断的能力。

"就是你旁边，快往右边移动！"棒棒一边往乐乐这里滑，一边提醒乐乐。

"啊——救命！"哎，真是手忙脚乱，乐乐分明听到往右移动，却先迈了左腿，紧接着左脚掉进了湖里。

"啊！好冷！"乐乐终于脱离险境，可是鞋里已经装满了水。

"走，我们赶紧上岸！"棒棒穿上鞋子，拉着乐乐飞快到了岸上。

"来，把鞋脱了！"棒棒赶紧把乐乐的鞋换掉，"我来帮你搓搓脚，不然就会冻伤的！"看着棒棒认真的样子，乐乐感动地流下了眼泪。

乐乐感悟

1. 结冰的水面很危险，千万不要在上面滑冰。

2. 如果不幸冰层破裂落水，首先丢弃背包、手袋等妨碍浮水的累赘物品，然后立刻闭气，直至浮出冰面。

3. 进行集体组织的冰上竞技活动时应做冰前的热身活动，戴好头盔、护膝等必要的冰上运动防护物品，防止摔伤、碰伤。

安全宝典

滑冰很好玩，但是安全第一哦！

1. 如果掉进去的地方冰不厚，千万别慌着从原洞口爬出，那样会二次落水。要尽力保持头脑清醒，坚持找到足以承受体重的冰面，趴在冰上，滚向岸边。

2. 在结冰厚的地方，最好是"哪儿掉进去哪儿出来"，不要再从水下找其他出口，那样会耽误时间，导致不可挽回的危险。

3. 冰上的人不要贸然下水施救，而应在保证自身安全的情况下，迅速向水中垂入绳子、长竿等物救援，并大声呼救。

4. 安全上岸后，要迅速找地方取暖，及早换上干衣服，并不断活动身体保持温暖。

二、安全放风筝

　　柳芽绿了，迎春花开了，连翘也俏了，看着窗外灿烂的春光，棒棒浑身的细胞都兴奋起来了。如此良辰美景，不出去驰骋，岂不浪费了大好时光？想到这里，棒棒给妈妈打了招呼就飞奔出去。

　　哇，五彩斑斓的风筝好漂亮啊！刚出小区，棒棒就看到了风筝摊前围了好多人。是啊，阳光明媚，万里无云，正是放风筝的好时候。"叔叔，我要这个'孙悟空'风筝，多少钱？"棒棒一眼就相中了"孙悟空"。"小朋友好眼光，这个风筝 20 元！"小老板娴熟地做着生意。

棒棒付了钱，美滋滋地拿着风筝，就往附近的广场跑。嗯？棒棒怎么停下来了？嘿嘿，还是两个人一起玩比较好，棒棒掏出手机："乐乐，快出来，我们到广场放风筝哦！快点啦！"

呵呵，乐乐还真快啊！棒棒刚到广场，就看到乐乐正在四处眺望。"乐乐，这边呢！"棒棒赶紧向乐乐打招呼。"哈哈，快给我风筝，"乐乐过来见棒棒的风筝很漂亮就一把夺过来，"嘿嘿，'美猴王'一定飞得很高，我们快来放吧！"

"你拿着'美猴王'，等我把线放得足够长你就松手！"棒棒貌似很熟练的样子一边说，一边拿出风筝的线轴。

"好嘞！"乐乐兴奋地拿着风筝，心里却想着棒棒是个冒失鬼，"小心啊！"

"乌鸦嘴，拿好风筝！"棒棒一听见乐乐那样说，心里不禁寒了一下！

"好了，可以松手了！"棒棒跑出去很远，线已经放得足够长。

"飞吧，悟空，一个筋斗十万八千里哦！"乐乐把风筝抛向空中，心中充满了期待。"嘿嘿，等着瞧吧，我的悟空一定飞得最高！"棒棒看着天空中五颜六色的风筝在空中游弋，不禁豪情万丈。

"哈哈，飞得再高点！"棒棒一边目不转睛地盯着他的悟空，一边飞快地放线、跑动。

"棒棒慢点啊！看着脚下！"乐乐一边抬头望着风筝，一边追着棒棒跑。

"哎哟——"那是棒棒的声音，肯定凶多吉少，乐乐赶紧过去。

原来，棒棒只顾着往前跑，却没有发现脚下的隔离墩。

哎，可怜的孩子！

棒棒感悟

1. 放风筝最好选择平坦、宽敞的场地，不要在小区、马路边放。

2. 放风筝时，不要只看天上的风筝而忽视脚下，注意不要被东西绊倒。

3. 放风筝时要远离空中电力设施。

安全宝典

大好的春光里放风筝的好时候，大家要注意安全

1. 放风筝前最好先做 10 分钟左右的准备活动，把颈部、腰部、腿部等部位活动开。

2. 放风筝时人总是在倒行，所以要特别注意防止摔伤。

3. 如果风筝不小心缠在电线上，千万不要自己试图去拿，一定要拨打 95598 电力服务电话，请专业技术人员处理。

三、蝙蝠侠遇险记

棒棒最近迷上了"蝙蝠侠""蜘蛛侠"等各种侠，难道是小男孩心中的英雄情结被唤醒了吗？也许吧，反正他总幻想着什么时候也能被蜘蛛咬一口，或者有一个帅气的"蝙蝠侠"披风。哎，被蜘蛛咬上一口还是得看造化，不过，还是弄一个披风来得快些。

趁着爸爸妈妈不在家，棒棒翻箱倒柜，终于找到一件"披风"。什么嘛，那只不过是妈妈的浴巾！管他呢，披在身上跟披风的效果也差不多嘛！嗯？还缺一个蝙蝠头盔。算了，用轮滑头盔替代吧！武器呢？哈哈！用遥控器代替吧！装扮完毕，棒棒臭屁烘烘地赶紧去照镜子。哇哦！镜子里棒棒还真是威武啊！哈哈！"蝙蝠侠"出发了！

"蝙蝠侠"棒棒跑到楼下，正要寻找"行侠仗义"的机会，只见飞飞对着树冠焦急地喊道："阿福，快下来！"

"阿福，它怎么了？""蝙蝠侠"觉得机会来了，连忙向飞飞询问情况。

"阿福在树上下不来了！怎么办呢？"阿福还只是一只小猫，飞飞急得手心都出汗了。

"没事！包在我'蝙蝠侠'身上了！"棒棒觉得自己好幸运。暗自高兴了一番，棒棒把遥控器别在裤腰上，一条腿攀住树就要往上爬，可是头盔蹭到树身，很麻烦哦！算了，还是牺牲形象先把头盔摘掉。

摘掉头盔真是方便多了，虽然"披风"在不停地随风飞舞，但棒棒抱着树，刺溜刺溜，一会儿就爬到了树上。"喵——喵——"阿福在那根小树枝上动也不动，只是怯怯地望着棒

棒。棒棒看看阿福，又看看周围的情况，找了一根相对粗壮的树枝踩着，然后一只手抱着另一枝树枝，另一只手去抓阿福。

"来啊，阿福！快过来！"棒棒温柔地呼唤着阿福。阿福先是凝望着棒棒，接着慢慢走向棒棒。太好了，棒棒安全救回阿福。等等，这要怎么下去？棒棒一手抱着阿福，一手扶着树枝，真是没有第三只手可以掌握平衡啊！

"没事！'蝙蝠侠'怎么会有事呢？"棒棒虽然心里有些害怕，但是嘴上还是英雄气概十足啊。棒棒一手抱着阿福，一手抓着树枝，慢慢地寻找下去的方法。可是这时，"披风"被树枝挂住了，棒棒腾出手使劲去扯"披风"，一时失去平衡，差点儿掉下去。

"小朋友，别动！"紧急时刻，小区保安带着梯子及时出现，棒棒和阿福被安全解救。

棒棒感悟

1.影视英雄的很多技能、武功都是用特技完成的，小朋友千万不要模仿。

2."行侠仗义""除暴安良"是英雄侠士令人敬佩的基础，小朋友可以学习他们的正义、勇敢，但是一定要在力所能及的范围之内去帮助他人。

3.遇到危险情况，千万不要试图自己解决，一定要请大人或专业人士帮忙。

安全宝典

树木是我们的好朋友，大家一定要爱护它们哦

　　1. 不要随意攀爬树木，因为有的树枝很细，根本承受不住你身体的重量，使你从树上摔下来。

　　2. 攀爬树木时，树枝的尖梢很容易划伤你的皮肤，或者挂破你的衣服。另外，树上还会有许多有毒的虫子，一不小心就会被蜇伤。

　　3. 不要够取树上的果实来吃，更不要爬到树上去掏鸟窝，这些都容易使自己陷入危险之中。

四、惊险毽子

爸爸妈妈有事要早早出门，又担心乐乐睡过了头，只能叫醒乐乐。乐乐睡眼惺忪（xīngsōng），慢吞吞地穿好衣服，然后眯着眼睛没精打采地吃了早饭，就和爸爸妈妈一起出了门。

出门早，路上真是顺畅啊！很快，乐乐就到学校了，可是这时才7点多，还要半个多小时才开校门。乐乐无奈，只好拿出书在校门口看书。哎，这天可真冷啊！看书还不到10分钟，乐乐的手就冻红了。还是不看了，先暖暖手。乐乐一边把手塞进手套里，一边等着开门。

"嘿，乐乐早啊！"小美看到乐乐，远远地就打招呼。

"早啊！小美！真冷啊！"终于有个认识的人，可以说话，乐乐挺高兴。

"对啊！我这里有鸡毛毽，我们踢毽子吧！"小美说着就拉开书包，拿出毽子，"给，你先踢吧！"

"谢谢！我都快冻僵了！"乐乐拿起毽子，试着踢了一下。大概是腿脚冻麻木了，乐乐的动作真是难看啊！"哈哈！乐乐，你的水平下降了啊！"小美在一旁打趣道。

"只是没活动开而已，看我的'炫酷'踢！"活动开了，乐乐好像变得灵活多了。只见她眼睛随着毽子转动，右脚跟着毽子的节奏，把毽子踢得上下翻飞。不好，鸡毛毽要落到身后了，乐乐一个小跳，轻快地救回了毽子。

　　"真棒，乐乐！"小美看到乐乐的精彩表现，忍不住鼓起掌。

　　"哈哈，小意思了！"乐乐越踢越暖和，越踢越起劲。校门口的学生越来越多，好多女生看到乐乐如此厉害，都向乐乐投去羡慕的目光。

　　乐乐的目光一直跟着毽子，双脚也跟着毽子飞舞的节奏来回移动，毽子所到之处，大家也自觉地让开场地，供乐乐表演。

　　"吱——"好像是电动车的急刹车声音。乐乐吓得呆立住，毽子落到了电动车踏板上。"找死啊！家长咋教育的，一点公德都不讲？！"一个烫着黄色挂面头的大婶歇斯底里

地朝乐乐大喊。

"哇——"乐乐一下子被吓哭了。

"你还好意思哭！"大婶说着，把毽子扔在地上，骑着电动车风一样就跑了。

"乐乐，你咋样？要不要去看校医？"这时方老师来了，她一边关切地照顾乐乐，一边组织学生入校。

"老师，我没事！我再也不在路边踢毽子了！"乐乐一脸委屈地向方老师保证道。"好孩子，一定要注意安全啊！"方老师拉着乐乐的手走向教室。

乐乐感悟

孩子，一定要注意安全啊！

妈妈，我知道！我有口才在路边乱跑？？！

1. 马路上车水马龙、人来人往，不要在马路上、马路边玩耍、打闹、游戏，这样不仅妨碍交通，也会危害自身安全。

2. 在马路上要靠边走，走在中间会妨碍车辆的通行，还有被撞的危险。

3. 走路时，不要边走边玩，也不要边走边看书。

安全宝典

生命诚可贵，
安全要牢记！

1. 小朋友们要尽量按照学校的作息时间到校上课，若有特殊原因早到，一定要注意自身安全。

2. 下雨天特别要注意前后的车辆，最好穿黄色的雨衣、雨鞋、雨伞等雨具，以引起驾驶员的注意。打雨伞时，雨伞不要挡住视线。更不能把雨伞当作对攻的玩具，以免刺伤人。

3. 马路上不小心遭遇事故，一定要沉着冷静，及时报警、急救并保护好证据。

五、危险的爆竹

　　过完春节，棒棒还没有开学，爸爸妈妈就已经上班了。一个人在家，棒棒很是自在。这不，棒棒正在看《探秘》节目，节目里在讲火药的历史。对啊，鞭炮是火药最好玩的应用，棒棒打算好好体验体验。

　　在春节时，爸爸买的鞭炮好像还没有放完，棒棒在家里翻箱倒柜终于找到了。哈哈，有一挂鞭、两个炮。哦，好棒！可是用什么来点着呢？这是个问题。用烟来点？不行；用打火机？不行；用熏香？耶！就用熏香了。棒棒又翻腾了半天，终于找到了妈妈用剩下的柱状香。棒棒拿着鞭炮、打火机还有熏香就下楼了。

想到放鞭炮应该找一个平整空旷的地方，棒棒就来到了院子中间的花坛。太好了，花坛里没有人。棒棒把东西先放在长椅上，然后拿出一个炮立在地上，接着点着熏香，最后蹲在离炮半米远的地方伸长手臂用熏香去点炮。呵呵，点着了，引线开始燃烧了，棒棒赶紧跑开，站得远远的用手捂住耳朵。"咚——"炮跃到天上，"叭——"一声，这个炮就灰飞烟灭了。

接下来是第二个炮，同样的动作之后，炮的引线开始燃烧，棒棒站在远处好半天还没听见"咚——"的一声。怎么回事啊？去看看吧！还没等棒棒走到跟前，那炮突然腾空跃起，"啪"的一声又灰飞烟灭了。"吓死我了！"棒棒吓得一身冷汗，"天哪，我再快一点就会被炸伤了！"

还有一挂鞭，放还是不放？经过刚才的事情，棒棒有些害怕了。不过，1000响鞭的威力应该远远小于炮吧，还是燃放吧！想到这里，棒棒恢复了精神，把鞭摆在地上，然后用熏香点燃。引线燃尽之后，只听见噼里啪啦一阵巨响，棒棒在一旁听得很是过瘾。巨响过后，地上一片红色的纸屑，棒棒看着很是好看，就跑到纸屑上踩了两脚。"啪——"一声响，吓了棒棒一下。咦？还有没有燃尽的小炮。呵呵，就再放一次吧。

棒棒把地上没有燃尽的小炮一一捡起来，呵呵，还真不少呢！棒棒拿着小炮，点燃一个，扔一个，"噼啪——"一声。原来小炮比大炮来劲啊！棒棒放得不亦乐乎。

"啊——吓死我了！"一个小女孩经过，被棒棒扔的小炮吓了一跳。

"啊——怎么往人身上扔啊！"一个漂亮的大姐姐也被小炮吓了一跳。

"对不起！"棒棒道了歉，拿起东西立刻跑掉了。

棒棒感悟

1. 儿童千万不要自行燃放烟花爆竹，观看大人燃放时也要注意安全。

2. 燃放烟花爆竹一定要选择室外空旷、平坦、无障碍的地方。

3. 燃放烟花爆竹时千万不要在人多、有易燃物的地方，这样容易发生意外。

安全宝典

放鞭炮很好玩，但是安全第一哦！

1. 买烟花爆竹要买正规厂家生产的，燃放时要注意遵照燃放说明来操作。

2. 如果点燃的烟花爆竹发生熄火现象，千万不要马上伸头查看或去点火，这样容易发生意外。

3. 儿童在观看烟火爆竹时，要远离燃放地点，并用手捂住耳朵，确保自身安全。

六、安全躲猫猫

又到周末了，棒棒在屋里左转转、右转转，写作业吧，已经完成了；看书吧，太累，看不进去；玩电脑吧，电脑被爸爸霸占着；玩玩具吧，那些玩具早就玩腻了。哎！实在闷得无聊。可是，玩什么呢？棒棒绞尽脑汁，终于想到一个好主意——给大家打电话来玩躲猫猫。

"棒棒——快下来！"还没等棒棒下楼，乐乐他们就已经在楼下了。

"来了！来了！"棒棒在阳台上露了个头就连忙下了楼，"嗨，大家好！我们来躲猫猫吧！"

"好啊好啊！好久没玩了！我们猜拳来决定谁当'瞎子'！"大家很赞同。

"剪子、包子、锤！"一阵猜拳之后，"瞎子"终于出来了，她就是小美。

"我数30个数，你们快藏好，不然的话——哈哈！"小美被蒙上眼睛，"30——29——28——"

呵呵，乐乐的速度真是快啊！还没等小美数数，她就已经藏好了。嘘——别出声，别让小美听到了！嗯？朋朋也很敏捷啊，他三步并作两步也很快找到了藏身之处。

咦？我们一贯麻利地棒棒怎么还在那里徘徊呢？原来是棒棒想要找一个更稳妥的藏身处。对了，就是那里。只见棒棒进了电梯间，摁下了"8"，然后飞快地爬上顶楼。

就在棒棒走进电梯的时候，小美已经数完了30个数。小美还真是厉害，一会儿工夫就从花丛中找到了乐乐，从两座楼的缝隙中看到了朋朋。可是朋朋那是怎么了？"哎哟，我出不来了！"朋朋在两楼间的缝隙里挣扎着。

"朋朋，不要乱动！把肚子吸进去，然后慢慢出来！"乐乐此时异常冷静。

听到乐乐的话，朋朋也冷静下来，慢慢往外移动。"加油！加油！"小美在一旁热切地鼓励着。

哇！朋朋终于出来了！可是棒棒呢？

棒棒在楼顶先是得意扬扬，然后焦急等待，接着听到下面的加油声，就趴在楼顶往下看。"喂！我在这里！"棒棒看到朋朋出来了，向大家喊道。

"喂！棒棒快下来！危险！"保安看到棒棒半个身子都在外边，赶忙提醒道。

"嗯，我这就下来！"棒棒迅速钻进电梯下了楼。

这场躲猫猫就在惊心动魄中结束了。

棒棒感悟

1.玩游戏一定要注意安全，要远离楼间缝隙、楼顶、车库、地窖、建筑工地、防空设施等地方，以防给自身安全造成威胁。

2.要选择安全的游戏来做，不要模仿影视片中的危险镜头。

3.最好选择合适的时间来玩游戏，不要在夜间玩户外游戏，游戏时间也不要太久，以免过度疲劳。

安全宝典

游戏时只有注意安全了，才会有快乐哦！

1. 游戏中，如果不小心卡在楼间缝隙，千万要冷静，经过自己努力也出不去的话，要请求别人或请专业人员帮助。

2. 如果一时不注意爬到了楼顶，千万不要到楼顶的边缘；如果不小心到了楼顶边缘，千万不要乱动，要请人帮忙营救。

3. 小朋友也不要随便到车库去玩，车库里开车、泊车时很容易有危险。

七、枪械玩具要当心

　　最近，小男生中非常流行枪械类玩具。棒棒玩腻了遥控玩具，也迷上了枪。爸爸虽然觉得这些玩具很危险，但是拗不过棒棒，再加上爸爸觉得男孩子还是有一些英武之气好，所以给棒棒买了一杆仿真冲锋枪。

　　小男孩嘛，配上长枪、短枪还真是增加了英武之气。棒棒看看镜子中配上冲锋枪的自己，觉得真是配得上"飒爽英姿"这个词。不过，棒棒总觉得还少点什么。少点什么呢？对了，穿上军装才更有气质。棒棒在衣柜里找了半天，终于找到一件迷彩T恤。可是，天气还没有炎热到穿T恤的时

候，棒棒才不管呢，
他直接把迷彩 T 恤
套在毛衣上。哈哈，
这才像回事嘛！棒
棒挎着枪在客厅里
走了两趟正步。

"妈妈，我下
楼去玩了！"棒棒
给妈妈打了个招呼
就准备跑。"不要乱开枪啊！注意安全！"看着棒棒挎着枪，
妈妈真是不放心。

哇哦，楼下已经有很多全副武装的小男生了，有冲锋枪、
手枪、八音枪、水枪等，真是品种齐全。"我来了！"棒棒
看到这种阵势，一下子兴奋起来，"我们分成两队玩战斗游
戏吧！"

"好啊！好啊！我跟棒棒一队，我们就是飞虎队。"手
拿仿真手枪的小明赞同道。"那我们是战龙队！"朋朋抱着
冲锋枪毫不示弱。

小男生们各自归队，"飞虎队"选出棒棒做队长，"战
龙队"选出朋朋做队长。双方队长各自部署完毕战略战术，
一场激战就开始了。

　　"兄弟们，我们一定要占领1号阵地！"棒棒发布"作战命令"之后，"飞虎队"的勇士们立刻投入战斗。

　　"同志们，1号阵地事关重大，千万不能落入敌手啊！"朋朋也率领战士们出击。

　　"嗒嗒——"小明开枪了，子弹"嗖"的一声从朋朋身边呼啸而过。

　　"看我不反击！"朋朋抱着冲锋枪就要朝小明射击。"不好！"棒棒作为队长怎能让队员受伤呢？只见他飞速拿出冲锋枪，瞄准朋朋，并扣动扳机。

　　"队长不好，快卧倒！""战龙队"队员看到队长情况

不妙，赶忙提醒，可是似乎来不及了。"啊——"朋朋中弹了，他捂着胸口瘫坐在地上。

"哈哈！我们胜了！"棒棒看对方队长中弹兴奋起来，再看朋朋，一脸痛苦的样子，棒棒才发现情况不妙，"朋朋，你怎么了！"

"好疼！"朋朋说起话有气无力，棒棒一时吓坏了。

"快，快去社区医院！"棒棒的妈妈不知什么时候到了现场，赶紧开车送朋朋到社区医院。

经过处理，朋朋已无大碍，可是这个安全教训一定要汲取啊！

快，
快去社区医院。

棒棒感悟

　　1. 买玩具枪械时，一定要注意安全，要按照儿童年龄特点的要求来选择玩具。

　　2. 最好不要玩可以带弹射击的仿真枪，这种枪械容易造成安全危害。

　　3. 即使玩可以带弹射击的枪，也不要在小朋友之间对射。

安全宝典

玩具枪很神气，可是也很危险，男生们一定要注意安全啊！

1. 选购带有国家认证生产标志的玩具，以保障安全。同时留意材质与造型是否带有潜在的危险，如涂料是否经过检验，是否会脱落，材质是否易碎等。

2. 如果给小孩买会发子弹的玩具手枪，最好选买子弹头是橡胶头的、软头的、软体的等。

3. 在批发市场就可以买到压塑料子弹的玩具枪，它打出的声音比较响，打出后的出口速度比较快，对人会造成伤害，不可购买。

八、毛绒玩具要当心

　　就像男孩子喜欢枪械玩具一样，女孩子都很喜欢芭比娃娃、毛绒玩具。乐乐就有很多这类玩具，不过，她最喜欢的还是毛绒玩具。因为那些毛绒玩具软绵绵的，搂着睡觉很舒服哦！

　　最近，乐乐很喜欢搂着一只泰迪熊玩具，看电视、看书的时候，睡觉的时候都要泰迪熊来陪伴。这只小熊浑身雪白雪白的，它穿着一条蓝色的裙子，头上还戴着一只粉色的蝴蝶结，很是可爱。更重要的是它是乐乐的好朋友小美送的生日礼物。

今天太阳很好，乐乐像平时一样抱着泰迪熊坐在飘窗上看书。这时候，乐乐还有一个习惯就是一边看书，一边喝牛奶。多么温馨的场面，好不惬意！

"乐乐！看书的时候不要喝牛奶，不要抱着熊熊！"妈妈看到乐乐的样子忍不住要说两句。"哇哦！"妈妈突然的一声吼，吓得乐乐把牛奶洒了泰迪熊一身。

赶紧，赶紧！乐乐拿出纸巾给泰迪熊擦了个干净。呵呵，这可不是第一次哦！泰迪熊身上还有过橙汁、饼干渣。

不知不觉就到晚上了。"呵呵，小白，我们睡觉吧！"乐乐吃完饭、洗完澡，爬上床，抱着泰迪熊准备睡觉。"小白，抱着你好暖和哦！"乐乐像往常一样一脸幸福的样子，

"晚安！"

"哎哟，好痒！"乐乐实在受不了痒痒，"啊——怎么都是疙瘩！妈妈快来啊！"

"乐乐，怎么了，妈妈看看！"妈妈急速冲到乐乐的卧室，"啊？怎么一脸疙瘩？这是怎么啦？"

"妈妈，身上也是！"乐乐一脸委屈地拉开被子给妈妈看。

"啊——你昨天吃什么了？"妈妈首先想到乐乐是不是吃错东西了。

"没有，我只吃了你做的饭！"乐乐无辜地说。

"会不会是化妆品过敏啊？"妈妈想到乐乐会不会偷偷

地用自己的化妆品。

"没有！"乐乐还是一脸无辜！

"这就怪了！"妈妈一边说一边仔细在乐乐的床上检查，"啊，床上怎么都是泰迪的毛？乐乐，你最近是不是一直搂着泰迪熊睡觉？"

"嗯，我很喜欢泰迪，就抱着它睡觉！"乐乐觉得好奇怪，这跟泰迪熊有什么关系。

"你是对这些绒毛过敏，走，快去医院！"妈妈抱着乐乐就往医院跑。

1.选购毛绒玩具时首先要注意材料是否安全卫生，主要是有没有异味，会不会掉毛。

2.接下来要看看毛绒玩具的填充物是不是均匀、柔软，如果是黑心棉、手感不好的，千万不要买。

3.要检查毛绒玩具的眼睛、鼻子是不是牢固，会不会掉色，如果发生以上情况，千万不要购买。

安全宝典

毛绒玩具很可爱，不过选购、玩耍时也要多多注意哦！

1. 一个安全的毛绒玩具一般都具备商标、品牌、安全标志、厂家通信地址等，大家购买时一定要检查清楚，购买有 3C 认证的玩具。

2. 为了身体健康，要定期对毛绒玩具进行消毒、清洁处理。

3. 在家中洗涤毛绒玩具的要诀：对于细小零部件少的玩具可采用 30℃ ~ 40℃ 的温水手洗或机洗，清洗时可用中性洗衣液，对于长毛绒玩具，用羊绒洗涤剂效果会更好。

九、打火机不是玩具

　　哎！这奥数题好难啊！棒棒一个也算不出来，真是好受打击啊！再怎么苦思冥想还是算不出来，与其白白浪费时间，还不如玩一会儿呢！棒棒给自己找了个理由，就把奥数扔一边了。

　　外边在下雨，棒棒只好在屋里走来走去，不能看电视、不能上网、不想看书、仿真枪被没收，唉，还能玩什么呢？棒棒一下子趴到床上像一个霜打的茄子一样，他那双无精打采的眼睛漫无目的地扫射，最终目光投射到床头柜上。

　　咦？有新发现啊——一只笔状的打火机。呵呵，有了！

棒棒迅速有了精神，一个鲤鱼打挺就从床上翻下来。棒棒拿起打火机，又从文具盒中拿出橡皮。棒棒一向调皮捣蛋，鬼点子多，他又有什么恶作剧吗？呵呵，不是啦！棒棒是要做一个实验——棒棒一直很好奇橡皮为什么能够擦掉铅笔的痕迹，所以他打算用这个办法试试。

　　棒棒左手拿着橡皮，右手拿着打火机打火。哎哟！好烫！橡皮灼烧（zhuóshāo）了一会儿，烫到手了！怎么办呢？呵呵，有办法了！只见棒棒笑嘻嘻地又从文具盒里拿出圆规，然后把圆规尖扎在橡皮上在打火机上烧。哈哈！棒棒觉得自己真是聪明！

　　烧啊烧！起初，棒棒还觉得味道真好闻，闻着闻着就有一股刺鼻的味道。再烧一会儿，棒棒觉得拿打火机的手也好烫。没办法，先休息一会儿吧！棒棒放下圆规和橡皮，换左手拿着打火机，右手在打火机上胡乱拨弄着。

好了，继续工作吧！棒棒拿起橡皮，打开火机。"轰——"火苗一下蹿好高！"啊——吓死我了！"棒棒这才意识到刚才无意中把火调大了。

"棒棒，怎么了？"妈妈对于棒棒总是很警觉。"嘿嘿！没事！"棒棒不想让妈妈发现。调好火力，棒棒继续烧。

哈哈！缩小了，缩成黑黑的一团了，气味也越来越大了。棒棒用小刀割下来一块，用手捏捏，捏不动。算了，继续烧，看能烧成什么样。

"棒棒，你在烧什么？"不知什么时候妈妈进来了。

"没……没什么！"棒棒变得语无伦次。

"给你说过多少遍了！打火机不是玩具，不能玩火！"妈妈看到棒棒总是记不住教训，一下子火了。

"妈妈，火机上交！我只是想知道橡皮的原理，并不想玩火！"棒棒又是一脸委屈的样子。

棒棒感悟

我只是想知道棒棒的原理……

　　1. 打火机不是玩具，小朋友不要玩打火机，以免发生意外。

　　2. 不要在家里随便点火，以免引起火灾。

　　3. 抽烟不小心也容易造成火灾，小朋友一定要提醒抽烟的爸爸注意健康、注意安全。

安全宝典

火灾猛于虎，大家平时一定要注意防害于未燃！

1.平时家里要注意用火安全，定期检查煤气管道、电线线路，保证管道、线路的安全。

2.使用电器一定要严格按照使用说明来使用，不要让电器、线路超负荷工作。

3.如果纸张、木头或布起火，可以用水来扑救；而电器、汽油、酒精、食用油着火时不要用水，要用土、沙子、干粉灭火器等。

4.必要时拨打火警119，拨通电话后，立即报告火灾地点、火势情况和自己的姓名。

十、杀虫剂不是玩具

小女孩最喜欢夏天了，因为夏天可以穿漂亮的裙子。不过，夏天再美丽，也还是有它的讨厌之处。这不，乐乐就遇到了麻烦。

"啊——恶心死了！妈妈救命啊！"乐乐刚解完手，突然发现了什么。

"妈妈来了，怎么了？"妈妈火急火燎地跑过来。

"你看那个黑黢黢的东西，还有两个触角，爬得很快！好恶心啊！"乐乐指着正在地上快速爬着的黑黑的虫子说。

"啊？家里有蟑螂？你快出来，我去拿杀虫剂！"妈妈看到蟑螂也大吃一惊。

"噗噗——"妈妈拿着杀虫剂把卫生间喷了个遍，那只"小强"也在杀虫剂的威力下奄奄一息了。"乐乐，把杀虫剂送回去，我把卫生间收拾一下！"妈妈边说边收拾卫生间。

好恶心！

杀虫剂的威力真大，连打不死的小强都能杀死，好厉害！"嗡嗡——嗡——"正在乐乐感叹的时候，又有两只苍蝇在乐乐附近嬉戏飞舞。

"哼，死苍蝇，你以为你是'fly'你就了不起了？"乐乐拿起杀虫剂准备战斗，"看我的厉害！"说着乐乐就摁下了喷射口。

可是苍蝇也不会坐以待毙啊！两只苍蝇在乐乐下手的同时就已经起飞了。

"臭苍蝇！只会跑算什么英雄？看我追上你！"乐乐也毫不示弱，追着苍蝇连跑带喷。

屋里的空间毕竟有限，一会儿工夫，客厅里就满是杀虫剂的味道，在这浓重的味道之下，两只苍蝇终于晕晕乎乎，飞不动了。就在苍蝇掉在地上的瞬间，乐乐拿起苍蝇拍一拍，"啪"的一声，两只苍蝇终于死掉了。哈哈！小苍蝇，来多少，杀多少！

嗯，对了，蚊子晚上也很烦人啊！想到这里，乐乐拿起杀虫剂又跑到卧室。"死蚊子，快出来！我们决斗吧！"乐乐宣战之后，还不见动静，"嗯？那些蚊子该不是害怕，躲起来了吧！"

"那黑暗的角落一定是蚊子喜欢的地方，哈哈，你们死定了！"乐乐分析了敌方形势，拿起杀虫剂对着墙角、床下、桌子下面、柜子后面、窗台上一阵猛喷。

"咳咳——好呛！"妈妈打扫完卫生间，来到客厅感觉很刺鼻，"乐乐，你在干什么？"

"我在消灭害虫啊！"乐乐一脸兴奋。

"傻孩子，你喷这么多，人也会中毒的！"

"啊？"乐乐也觉得头有点晕。

乐乐感悟

1. 对苍蝇、蚊子这样的飞虫要在空中喷洒，角度在 45 度。

2. 除了要正确操作之外，在喷完气雾剂后最好人离开房间，关闭门窗半小时到一小时，然后再进入房间开窗通风。

3. 在厨房使用杀虫剂时要加倍小心，喷洒之前要收藏好食品和餐具。

4. 如果不慎将药液喷到皮肤上，要及时清洗。

安全宝典

杀虫剂是家庭的好帮手，但是选购杀虫剂也有一套，小朋友知道吗？

1. 购买时要看清外包装上的有效成分和含量，一般标明有氯菊酯、胺菊酯、丙炔菊酯和溴氰菊酯的杀虫气雾剂是高效低毒的。

2. 其次要看清杀虫气雾剂的合格证号是否齐全，标注有农药登记证号、产品标准号、卫生许可证号的是合格产品。

3. 此外，购买时还要注意罐体底部是不是完整，有无生锈、漏气和渗透的情况。

4. 杀虫气雾剂中的有机溶剂都属于易燃易爆的化学药品，不要放在高温暴晒的地方，要尽量放在比较阴凉通风的场所，不要挤压碰撞，以免发生意外。

安全的种子

爸妈送给孩子的第一部安全手册

（下）

之湄 著

民主与建设出版社

图书在版编目（CIP）数据

安全的种子：爸妈送给孩子的第一部安全手册：全
2 册 / 之湄著 . -- 北京：民主与建设出版社 , 2017.4

ISBN 978-7-5139-1485-7

Ⅰ . ①安… Ⅱ . ①之… Ⅲ . ①安全教育－青少年读物
Ⅳ . ① X956-49

中国版本图书馆 CIP 数据核字 (2017) 第 070890 号

© 民族与建设出版社，2017

安全的种子 ： 爸妈送给孩子的第一部安全手册
ANQUANDEZHONGZI BAMASONGGEIHAIZIDEDIYIBUANQUANSHOUCE

出 版 人	许久文
作 者	之 湄
责任编辑	刘树民
封面设计	刘彦华
出版发行	民主与建设出版社有限责任公司
电 话	（010）59417747 59419778
社 址	北京市朝阳区阜通东大街融科望京中心 B 座 601 室
邮 编	100102
印 刷	北京天恒嘉业印刷有限公司
版 次	2017 年 4 月第 1 版 2017 年 4 月第 1 次印刷
开 本	880 mm × 1230 mm 1/32
印 张	14（全 2 册）
字 数	400 千字（全 2 册）
书 号	ISBN 978-7-5139-1485-7
定 价	78.00 元（全 2 册）

注：如有印、装质量问题，请与出版社联系。

序

祝福平安

出版社让我看一篇稿子，名字叫《安全的种子：爸妈送给孩子的第一部安全手册》。看到稿子之后我就在猜：作者是个什么人？为什么要写这本书？

作者有十几年的少儿编辑生涯，可能主要是在写儿童文学的作品，但是对孩子的爱，促使她选择来写这本儿童安全书。

1

这本书中，包含了校园安全、户外安全、心理安全以及居家安全，通过讲故事的方式，让孩子们自己感悟安全的小知识、小经验、小诀窍，我觉得这本书有两个特点：一个是作者可能不是搞犯罪学的，也不是研究公安学的，但是从一个儿童编辑的角度来看儿童安全，这一定有它的独特之处；第二个就是从字里行间，我猜想作者可能是年轻人，我也想了解这位年轻人对安全的认识，对孩子的爱，和心灵深处的那种善良。

生命安全与健康——这个人生列车头上的发动机更需要维护与检修，而且技术要求更高。其难度之一便是教育与接受方式——面对儿童的安全教育，形式上需要润物无声，效果上得内化于心。

孩子们都很纯真，家长们在进行安全教育时，往往不忍明示黑暗、警示危险，总是生硬焦躁地说"你要注意安全""不能动煤气""别吃陌生人给的糖"……对此，孩子们不仅容易排斥，效果也会大打折扣。

孩子们向往美好，他们爱听有趣的故事。这便是"安全的种子"的作用所在：将攸关生命安全与健康的知识，融入一个个鲜活的故事中，孩子们看过、听过后就烙在心底，这些知识将成为他们不断成长中的一种信念和力量。

我知道，有趣的故事写起来并不轻松。因为这每一个故事背后，都或是曾经屡屡发生的不幸事故。而面对那些不幸的最好方式，就是不再让厄运蔓延，不再让其他孩子和家庭承受苦难。

"送你一只小灯笼，平安童谣记心中，记得有人祝福你，默默送你去远行。"当孩子们夜行之时，给孩子的教育就是一只温暖的灯笼，也是他们独自行路的力量。告诉可爱的孩子们，大胆地向前走吧。记住身后有人在默默地祝福他们，有爸爸妈妈、警察叔叔、老师姐姐，和所有善良的人。

中国人民公安大学教授　王大伟

于 2017 年 4 月 18 日夜

目录

第一章 校园篇

第二章　居家篇

第三章　心理篇

第一章　校园篇

一、遭遇红眼病

即将"小升初"的同学们不约而同地把五年级的暑假叫作"最后的狂欢"。安琪作为其中的一员，一放假就给自己规划好了时间。当然，学习、休闲缺一不可。学习就不用说了，对于休闲活动，安琪也有了安排，用她的话说——游泳是最好的活动，既能减肥，又可防暑降温，还可强身健体，一举三得。

坚持游了一个多月，安琪的技术越来越熟练，姿态也越来越优美。这天，娜娜打电话约安琪去游泳，到了更衣室，换好衣服，安琪才发现泳镜忘带了。哎呀，都怪刚才太匆忙了，可是再回去取，又热又麻烦；算了，裸眼游泳吧。

到了游泳池边，安琪和娜娜做了热身，就往泳池里跳。娜娜一下水，就像鱼一样游走了，可是安琪一下水，眼睛里就进了水，又难受又看不清。眼看着娜娜自由地游弋在水中，安琪真是羡慕嫉妒恨啊。没办法，安琪只好让自己赶快适应裸眼游泳。她换口气，一头扎进水里，赶紧闭眼，凭直觉往前游，然后头伸出水面、睁开眼睛换口气，再扎进水里。

"安琪，快点啊！"娜娜已经游出去很远了，可是安琪还在原地打转。

"哎呀！累死我了！换气、睁眼、闭眼，我已经手忙脚乱了！"安琪实在不习惯裸眼游泳，可是时间宝贵，安琪决定忍着继续游。

在游泳池待了一个多小时，二人冲个澡、换掉衣服准备回家。"安琪，你的眼睛貌似红了？"娜娜突然发现安琪的

眼睛有些不正常。"哦，可能是眼睛进水了吧！"安琪没觉得是多严重的事儿。

回到家，安琪一直觉得眼睛不舒服，想着是眼睛太疲劳了，就滴了两滴眼药水。第二天、第三天，安琪带着泳镜又和娜娜游了两天泳。第四天，安琪一睡醒觉得眼睛好黏，睁都睁不开；跑到洗手间一看，哇！简直就是兔子眼！

"妈妈！我的眼睛——"安琪害怕地赶紧喊妈妈。

"啊——你这是红眼病，得赶紧上医院！"妈妈替安琪收拾好东西，随后就到了医院。

医生做了诊断，开了药，叮嘱道："你这是传染病，不要到人群中去，洗漱用具要与家人分开。""可是，我明天就开学了！"安琪有些为难。"请假吧！这种病在学校传播得很快！"医生说明了后果，安琪不得不重视了。

到了家，安琪给娜娜打了电话，娜娜也得了红眼病，没办法，二人一块儿请了假，静待病愈再去上学。

安琪
感悟

1. 游泳最好去条件好、卫生达标的游泳池；游泳时一定戴上泳镜，这样可以有效保护眼睛。

2. 红眼病的主要传播途径是接触病人眼睛的分泌物或泪水沾过的物件；如发现红眼病，应及时隔离，病人的用具应单独使用并做好消毒杀菌。

3. 平时要注意手的卫生，要养成勤洗手的好习惯，不用脏手揉眼睛，要勤剪指甲。

4. 在红眼病流行期间，尽量不要去公共场所。

晓天：见或不见，传染病就在那里；理或不理，病痛就在那里；为了自身健康，请大家一定要注意安全防护！

1. 多通风：定时开窗通风，保持空气流通。

2. 勤洗手：传染病患者的鼻涕、痰液、飞沫等呼吸道分泌物有可能通过手接触分泌物和排泄物，传染给健康人，因此特别强调注意手的卫生。

3. 常喝水：特别在气候干燥地区，空气中尘埃含量高，人体鼻黏膜容易受损，要多喝水，让鼻黏膜保持湿润，才能有效抵御病毒的入侵。

4. 补充营养：适当增加水分和维生素的摄入。注意多补充些鱼、肉、蛋、奶等营养价值较高的食物，增强肌体免疫功能，增强抵抗力。

5. 坚持体育锻炼和耐寒锻炼，适当增加户外活动，促进身体的血液循环，增强心肺功能。

二、赶走瞌睡虫

　　六年级的生活真是严酷又紧张啊！晓天每周就在学校、奥数班、英语班、作文班之间奔波。过了一个充实的周末，又到了周一，闹铃都闹累了，晓天还没睡醒。"天天，快起来！还要背英语呢！"妈妈看晓天睡不醒的样子格外心疼，但是为了儿子的前途，还是狠心把他拉起来。"妈妈开恩，让我再睡 5 分钟！"晓天迷迷糊糊、可怜兮兮地向妈妈讨时间。"不行，快起来！"温柔的呼唤一下子变成强掀被子。

　　在妈妈的催促下，晓天收拾好自己，吃完饭背了半小时英语才去学校。上学的路上，晓天一直觉得头昏沉沉的，过

马路的时候都有些反应迟钝。好不容易到了学校，第一节课还勉强撑住，第二节课就撑不住了。

"不行，睁开眼，不能睡！"晓天知道自己快要撑不住了，就暗示自己，还好，又撑了几分钟。可是，不久，晓天就觉得眼前一片模糊，不知道自己在听什么。

"哎，刚才老师说的是什么意思？"同桌安琪一个地方没听懂问晓天，才发现晓天虽然左手托着下巴，右手还在本上记着什么，却已经睡着了，"哎，快醒醒！"安琪一边小声地叫着，一边用胳膊碰他。

"啊——怎么了！"晓天猛然惊醒，不知道发生了什么。

"老师看你呢！"安琪这才发现老师正看着同桌。（配图：安琪一边用胳膊碰晓天，一边观察老师："老师看你呢！"

晓天惊醒："啊——怎么了？"桌子上是晓天的笔迹，上面是鬼画符。）

晓天不好意思地低下头，赶紧去看笔记，可是笔记上都是鬼画符，刚才写的什么，晓天一点都不认识。

"晓天，你来给大家复述一下老师刚才讲的！"老师最不能容忍学生在课堂上睡觉，晓天就偏偏给碰上了。唉！真是倒霉孩子！

怎么办呢？晓天一边慢慢站起来，一边琢磨着怎么说。算了，还是实话实说吧，说不定还能博得同情。"老师，对不起！我是'特困生'，刚才不小心睡着了，没听。"晓天一边战战兢兢地回答着，一边观察着老师的反应。

"'特困生'？你？"老师看着晓天一身名牌的样子，又想到特困生和睡觉没关系，难道这孩子睡了一觉连逻辑关系都搞不清了？

"就是特别特别困的意思，我昨晚做奥数11点才睡，早上6点半就起来了！"晓天一脸委屈地解释道。

"是很辛苦啊！可是为了奥数而在课堂上睡觉，这就得不偿失了！你还是站着，吸取教训吧！"

"是，老师！"没办法，晓天只好站着。老师的话一直在他脑海里回荡，到底该怎么安排时间呢？这是个问题。

1. 进入高年级，大家要学会管理自己的时间，做事要有轻重缓急；安排好自己的学习生活，要劳逸结合。

2. 高年级的学习任务繁重，大家一定要牢牢把握上课时间，课余时间适当休息，不要搞"疲劳战术"。

3. 高年级重要的是学会学习方法、掌握思考方法，不是漫无目的地背书、做题。

晓天感悟

安全宝典

　　安琪：人们常常会春困秋乏，怎么办呢？请听我说——

　　1.要注意饮食，早餐摄入的热量应最多，中餐次之，晚餐最少；饮食要清淡；摄取足够的蛋白质，有助于提高人的精力；常吃水果。

　　2.注意居室空气的新鲜流通。经常打开窗，保持室内新鲜空气，不仅对防病有利，对克服疲乏也有作用。

　　3.加强体育锻炼，经常运动可以加快大脑处理信息的反应速度。

三、被罚站

六年级的晓天像是变了一个人一样，以前上课东倒西歪、乱搞小动作，现在认真听讲，积极回答问题；以前懒得理的作业，现在完成得既快又准确；不仅如此，他还对其他同学的违纪举动深恶痛绝。

这节是语文课，晓天已经早早地预习过了课文，就等着老师来上课了。随着上课铃的响起，李老师神采奕奕地走进教室，同学们的精神一下被李老师带动起来。李老师妙语连珠的开场白，赢得了同学们的热情回应；接下来，李老师用字正腔圆的普通话生动地朗读课文，晓天听得津津有味，甚

至嘴角都微微上扬。

正在这时，晓天感觉背后有什么东西在动，他用手摸了摸没什么，继续听课。过了一会儿，背后还是不安生，晓天回头看看，只见后排的亮亮正襟危坐，只好回头继续听课。又过了一会儿，晓天觉得背后又是一阵骚动，紧接着有人又发出了"嘿嘿"的笑声。"干什么啊？你！"晓天实在忍无可忍，勇敢地去捍卫自己的权利和尊严。

"晓天、亮亮，你们站到后面去！"老师饱满的情绪，教室静谧温馨的气氛被打破了，老师也爆发出山崩海啸般的命令。

"老师，是亮亮打扰我听课的！"晓天一肚子的不服气，可是当他看到老师不容置疑的表情，只好乖乖地到后面站着。

憋着一肚子委屈、一肚子火，终于结束了上午的课程，晓天迅速收拾好书本，拎起书包就出了教室，连安琪喊他都没听见。

"晓天回来了！哟，谁欺负我儿子了？"回到家，妈妈一看到晓天气势汹汹的样子，就担心他是不是又惹事了。

"妈，亮亮影响我听课，我却被罚站了，你说公平不公平？"在妈妈面前，晓天一股脑说出了自己的委屈，"我再也不喜欢语文课了！"

"亮亮影响你听课，你又做了什么？"妈妈根据经验判断，晓天还有隐瞒。

"我就回头大喝了一声，'干什么啊？你！'"晓天说出这句话的时候没好意思看妈妈的眼睛。

"当时，老师在做什么？"妈妈接着问。"老师在朗读

课文，大家在听。"晓天在回答的时候觉得脸在发烫。

"这么说来，你也影响了老师上课，影响了其他同学听课，不是吗？"妈妈发现晓天已经有所觉悟，就继续开导他。

"妈妈，我知道了，我也有错，下午我就给老师道歉！"晓天彻底觉悟了。

"好了，吃饭了！今天有好东西，可要多吃点哦！"妈妈觉得晓天一下子长大了，真的好高兴。

晓天感悟

1. 在学校，如果违反纪律而被惩罚，要冷静接受批评、改正错误，不要与老师顶撞、争论。

2. 如果是因为自己被老师误解而被惩罚，首先要反省一下自己是否平时有做得不好的地方给老师留下不好的印象，做到有则改之，无则加勉；如果确实是老师误会，可以选择合适的时机向老师说明情况，及时沟通，消除误会。

3. 如果在课堂上被老师体罚，最好不要当众理论，这样影响其他同学，也不利于事情的解决，最好在课下同老师做有效沟通。

1. 如果在学校遭遇严重体罚或其他伤害，一定要及时向学校有关部门反映，并及时告知父母，甚至报警，保护自己的合法权利和人身安全。

2. 在学校要始终保持尊师的态度，如果个别老师出于某种目的泄私愤或打击报复，则另当别论。遇到这样的"批评"，你可以向学校领导反映，或者请父母出面解决。

3. 如果老师误判在先，家长不分青红皂白，再对孩子一顿修理，这无异于双重摧残。所以，无论老师还是家长，都应该是孩子心灵的保护神；不要让孩子在自己最亲近、最信赖的人身上看到绝望。

安全宝典

四、生病了

　　安琪作为"未来之星"英语大赛的种子选手，就要参加市里的集训。集训需要统一安排食宿，可是，安琪从来没有离开过家，妈妈很是担心。出发之前，妈妈再三叮嘱：不要乱吃东西，不要着凉，不要随便和陌生人说话。

　　"哎呀，妈，我不是小孩子了！"安琪有些不耐烦了。

　　"这些常备药带着，万一……"接着妈妈又递上治拉肚子、感冒、消化不良等的一袋子药。

　　"哎！我是去集训，又不是旅游，不带不带！"安琪心想自己不是药罐子，带那些药干什么，让人笑话。

集训的地方是在外语中学，安琪他们一到地方，老师就给他们分配好房间，交代过注意事项，马上就到了晚餐时间。还好，安琪和娜娜分在一个房间，二人收拾好东西就去了餐厅。

"哇！好大的餐厅！我们去看看有什么好吃的。"安琪一看到这气派的餐厅就两眼放光。绕着餐厅浏览了一圈美食，二人不禁啧啧称赞："哇哦！种类好多啊！看起来好好吃啊！"

"要不，我们每样都试吃一点？"娜娜禁不住美食的诱惑，提议道。

"不行吧！老师交代过不要乱吃东西，况且我们也不是大胃王。"安琪虽然很想吃，但还是有些顾虑，毕竟是来集训的，不是度假的。

"那我们少吃几样？难道你不想吃吗？"娜娜继续诱惑安琪道。

"那好吧！就少吃点！哈哈！"安琪说完与娜娜相视一笑，二人就去点餐了。

一会儿工夫，二人面前就摆满了各种美食：砂锅、烤鱼、串串香、莲子粥、沙琪玛、冰淇淋，哇！真是丰盛。

"要不是集训，我们哪能这样胡吃海喝啊？"娜娜吃得嘴巴里已经塞不下了，还不忘感叹一番。

"用词不当，应该是饕餮大餐啊，呵呵！"安琪也吃得兴高采烈。

一阵大快朵颐之后，二人肚子圆鼓鼓的，实在吃不下了，

才恋恋不舍地离开餐厅，往宿舍走去。回到宿舍，二人看看书，洗洗澡就睡下了。

"哎哟！哎哟！"娜娜一阵惨叫惊动了安琪。

"你是不是也肚子疼？"安琪同情地问。

"难道你也……我们怎么办？"娜娜有些害怕了。

"我们吃撑住了，我记得妈妈带的有药，我找找！"安琪突然想起来妈妈准备的药，"不好，我没带！"

"哎哟！我不行了，赶紧找老师吧！"娜娜疼得已经在床上乱滚。安琪稍好一些，赶紧拨打了老师的电话。在老师的帮助下，二人看了医生，很快好转，再也不敢胡吃海塞了。

安琪感悟

1. 不在父母身边，过集体生活时，不要乱吃、乱喝东西，不要没有节制地胡吃海塞，要注意不要着凉，要随时与老师保持联系。

2. 住集体宿舍时，可以准备一些常备药，如感冒药、拉肚子药、帮助消化的药等。

3. 住集体宿舍时，一旦生病，一定要及时同老师、宿管工作人员联系，及时救治。

安全宝典

晓天：住校的同学一旦生病，一定要知道正确的处理办法。

1. 医务室上班时间：住校学生突发疾病，由班主任、管理宿舍的生活老师或同宿舍的同学，视病情立即与医务室联系，医生应立即到场对患者进行医疗处置；对病情严重的患者，生活老师、班主任、同宿舍的同学可直接拨打急救电话120，同时通知医务室医生到场进行急救处置，并协助医生做好转诊治疗工作；班主任应通知学生家长，配合学校做好患者的转诊治疗工作。

2. 医务室下班后：晚自习时间内学生突发急病，由晚自习老师、管理宿舍的生活老师与学生家长取得联系或直接拨打急救电话120，班上同学有协助老师急救同学的义务。

五、跑出快乐

　　虽然"秋老虎"持续发威，可晓天他们对体育课的热情丝毫不减。还没到上课时间，他们已经在操场上撒欢了。

　　教体育的王老师正看着他们出神，却被上课铃唤回了青春的回忆。他吹响了集合的哨声，大家迅速归队。"这节课，我们要做 800 米跑步练习……"王老师还没说完，就听见女生"啊——"的惊讶声。呵呵，可想而知啊，把跑步叫"野蛮的运动"的女生怎么可能喜欢在烈日下练习 800 米呢？

　　"跑步是显示力与美的运动，大家先来跟我做准备活动！"王老师一边安抚着女生，一边带领大家热身。热身之

后，男生一脸兴奋，女生却愁容满面。见此情景，体育老师只好讲清注意事项之后让男生先来。

发令枪响了之后，男生们像脱缰的野马一样向前冲出去。"中长跑一定要控制节奏，保持匀速呼吸！"王老师发现大家刚才根本没有听进去，只好跟着他们一边跑一边再次强调注意事项。

晓天很快就要跑完两圈，紧随其后的是其他同学。"哇——"晓天带领男生们冲到了终点，只见他们大汗淋漓，气喘吁吁。"剧烈运动之后不要马上停下来，让身体慢慢平静下来之后再休息！"晓天他们赶紧收起正要坐下的屁股，开始转悠。

好渴啊！转着转着，晓天和涛涛就转到了"校园服务部"。看到"冷饮"两个字，两个人的眼睛都开始放光了。"我要一盒冰淇淋！"涛涛抢先说。店老板很快递给他一盒，转向晓天："你们要什么？"

"嗯？"这时，晓天好像想起来什么了，"等会儿，刚运动完似乎不能吃冷饮。"

"好过瘾啊！晓天你怎么成胆小鬼了？"涛涛一边舔着冰淇淋，一边

对晓天说。晓天看着涛涛那惬意的样子，再也抵抗不了诱惑："老板，也给我来一盒！"

晓天他们享受完冷饮的冰凉，体育课也结束了，女生们一个个无精打采的样子，他们却精神得很。

可是，世事难料啊！就在快放学时，涛涛、晓天相继捂住肚子，往厕所跑。没办法，回家之前只好先去看校医了。哎！剧烈运动之后吃冷饮，伤不起啊！

1. 跑步跑到终点时不宜马上停止，应慢慢放松下来。

2. 天热时，运动中及运动后不宜立即大量喝水或饮料。

3. 剧烈运动后不宜立即吃冷食、冷饮。

4. 剧烈运动之后不宜立即洗冷水澡，也不应立即洗热水澡，应在运动之后休息 30 分钟左右再慢慢洗热水澡。

安琪：生命在于运动，但是运动中也有安全哦！

1. 运动前要注意做好准备活动，帮助身体适应将要进行的运动。

2. 运动结束前，要注意做好整理活动，这对加速疲劳的消除、促进体力的恢复有重要作用。

3. 少年儿童的运动量要合理，每次运动量太小就达不到效果，每次运动量过大又容易疲劳不易恢复。

安
全 宝
典

六、步步惊心

　　这节是科学课，有人爱，有人恨，还有人爱恨交织。爱是因为科学课不仅好玩，而且不用写那些无聊的作业；恨是因为科学课上经常要自己动手接触一些奇怪的东西，甚至一做实验还会有难闻的气味；至于爱恨交织嘛，当然是有的人有时候爱、有时候恨了。

　　安琪就是那个对科学课爱恨交织的人，她喜欢探索、求证的过程，却讨厌和晓天一起做实验。还好，还好，这节课只是实验"雨"的形成，除了酒精灯，别的复杂的东西基本不会用到。

一上课，老师先交代了实验目标、注意事项，接下来两人一组开始实验。安琪负责准备实验用品、记录实验现象，晓天负责实验操作。安琪用烧杯接了适量的水，把它放在铁架的石棉上，然后把准备好的酒精灯放在烧瓶下面。

接下来，该晓天大显身手了。只见晓天拿出一根火柴，嚓地一下，火柴没着；又拿出一根，又嚓地一下，着了。

"不对，不是那样点火的，手应该45度。"晓天正要点着酒精灯，却被安琪纠正了不规范动作。

"点着就好了，真麻烦！"嘟囔归嘟囔，晓天还是极不情愿地又划了根火柴，尽量用标准动作点燃酒精灯。

"不好！酒精快用完了，需要加酒精！"这时，安琪才发现酒精灯里的旧酒精已经快用完了。

"这好办！"说着，晓天就拿起旁边的酒精灯准备往正在燃烧的酒精灯里倒。

"住手！"安琪赶紧制止晓天，"当心着火！将这个熄

灭，那个点着，不就行了！"

"真啰唆！"晓天一边嘟囔，一边就要用嘴去吹灭酒精灯。

"唉！你上课都干啥了，怎么什么都不知道啊？注意安全啊！"安琪看到晓天的举动又吓了一跳，一边阻止，一边拿灯帽盖灭酒精灯。

"什么大惊小怪的？"晓天看到安琪的举动才想起来老师讲过酒精灯的使用要求，不过，他才不好意思在安琪面前承认错误。

重新点燃了酒精灯，二人继续观察，可是这时，老师说话了："雨的形成过程大家都观察到了吗？下课之后把观察记录交上来。"

"啊？下课了？"安琪、晓天二人忙忙碌碌一节课啥也没观察，只顾着温习酒精灯的用法了。

安琪感悟

1. 在实验室做实验时，要听从老师的安排和指挥，不能违规操作或擅自进行实验。

2. 实验中用到的药品和其他实验材料在废弃前要经过安全处理，并根据老师的要求把它们放到指定位置。

3. 要使用隔热手套或者其他护手用具来拿很烫的物品，如热玻璃器皿。

4. 做完实验后要用抗菌香皂彻底洗手，包括手背和手指间，最后用温水冲洗干净。

晓天：实验是探究的重要方法，实验中一定要注意安全哦！

1. 不能乱动实验室的化学药品，更不能把化学药品带出实验室。

2. 使用酒精灯时要注意不要向燃着的酒精灯里添加酒精，不要用一只酒精灯引燃另一只酒精灯，酒精灯用完之后要用灯帽盖灭。如果不小心碰倒酒精灯而失火，要用湿毛巾扑盖火苗。

3. 在使用酸、碱等危险试剂时，一定要小心轻放、轻倒，脸部不要贴近实验台。

4. 实验中有可能产生有毒气体，一定要在通风环境下进行，不能直接接近瓶口嗅闻药品，有必要去闻时，要用扇闻的方法。

安全宝典

七、激战大扫除

　　今天最后一节课是全校大扫除，听到这个消息，大家就像得到放假的消息一样高兴。嗯？还真是奇怪了，这些平时在家里几乎什么活也不干的"少爷""公主"怎么对劳动这么感兴趣？呵呵，说大家热爱劳动不错，说大家许久不劳动，偶尔不用上课，劳动一下，舒活舒活筋骨也不错。

　　班干部分配好工作，大家各自到位，扫除就开始了。只见同学们干劲十足，这边是安琪和娜娜在擦窗户，那认真的样子就像在窗户上绣花一样；那边是强子和华子在擦墙壁，他们挥舞着抹布就像在墙壁上作画一样；而教室中间是晓天

和光辉在扫地，两人拿着大扫帚"哗啦哗啦"安静地扫着。

咦？这可不像晓天的风格，他一贯是做什么都可以玩出花样的。"喂！晓天，今天你好安静！"安琪觉得好奇怪，就向晓天打趣道。

"哼！燕雀焉知鸿鹄之志？我正在琢磨一种盖世武功。"晓天拿着扫把一挥，顺势摆出大鹏展翅的造型。

"不就扫个地吗？哪有盖世？"光辉推了推眼镜，不屑地说道。

"哼哼，看我扫光侠的厉害！"说着，晓天抢起扫把横扫一圈，光辉连忙躲闪。

"不就是扫把乱挥吗？我也会！"光辉躲闪之后也手持扫把摆出大侠的样子。

"哎！你们真幼稚！哪里是大侠，简直是扫把星。"安

琪看他们的无聊争斗，打趣道。"女人知道什么？"晓天和光辉对安琪的言论毫不理会。

"辉兄，趁此机会，我们好好切磋一下扫把功！"晓天将扫把放一边，抱拳向光辉说道。"天兄，请！"光辉抱拳回敬。

"这是大扫除，不是武林大会，你们快点干活！"看他们的样子，安琪连忙阻止。

两位"侠士"对安琪视而不见，一番恭敬之后，纷纷拿起武器——扫把开始切磋了。只见晓天对着光辉扫把一扫，光辉连忙躲闪；晓天扑空，而光辉趁机反拿扫把想从侧面袭击；晓天连忙拿扫把一挡，光辉的招数被识破了。与此同时，

光辉在晓天强大的力量下后退了两步，而武器——扫把飞了出去。

"啊——"不幸的是扫把飞向了安琪，躲闪不及，扫把扫到了安琪脸上。

"你——没事吧？"娜娜赶紧去看安琪，而晓天和光辉见此情景一下子愣在那里。

"嗯，脸上划了一下，没事！"安琪一手捂着脸，一手拿着抹布。

"对不起！给！"晓天这才反应过来向安琪道歉，并递过来卫生纸。

"不要闹了，好好干活！"安琪擦完脸，大家继续工作。

晓天感悟

1.劳动时一定要遵守纪律，认真劳动，不要拿着劳动工具玩耍打闹。

2.劳动前一定要注意了解劳动要领，掌握扫除方法，不要蛮干、瞎干。

3.站在高处擦拭玻璃、日光灯、投影仪时，一定要注意安全，做好防范措施，不要攀爬打扫存在安全隐患的部位，以免发生事故。

　　安琪：不仅要注意劳动安全，也要注意校外活动安全。

　　1. 参加社会实践活动，要遵守纪律，听从老师或有关管理人员的安排，不乱跑乱动。

　　2. 参加社会实践活动，要认真听取有关活动的注意事项，在指定区域按照要求来做。

　　3. 有些场合，可能使用一些劳动工具，如机械电气设备，在使用之前一定要仔细了解它们的特点、性能、操作要领，严格按照有关人员的示范，并在他们的指导下操作。

　　4. 活动现场的电闸、开关、按钮等不要随意触摸，以免发生危险。

八、看好财物

　　安琪最近得到了一台 iPad 平板电脑，这可是小气鬼爸爸送的。爸爸一向精打细算，可这次竟如此慷慨解囊，究竟是为什么呢？那还用说？安琪当然明白爸爸的醉翁之意不在 iPad，而在于激励安琪在六年级再接再厉，一举考上重点中学。

　　虽然爸爸的良苦用心一度让安琪觉得很有压力，但是能得到这样的礼物，安琪还是非常开心。每天放学回家，安琪就把 iPad 捧在掌心，任由手指自由地滑动，并在滑动中释放一天的疲劳。放松之后，安琪多想和朋友们一起分享，可是爸爸有言在先——这东西只能在家玩。

不过，独乐乐不如众乐乐，安琪终于抵挡不住大家的劝说，将 iPad 偷偷带到了学校。这一天，安琪成了班上的中心，只要一下课，大家都蜂拥过来，想体验一把 iPad 的乐趣。直到放学，还有几个好朋友围着安琪。没办法，安琪只好拿着 iPad 和大家在路上边走边玩。

"哎，前面有个肯德基，我们到里面边吃边玩好了！"娜娜提议。

"我得在爸爸到家之前回家，我们快点啊！"安琪害怕爸爸发现却又不好让好朋友失望。

"这有座位，你们坐这里，我去点餐！"晓天一边绅士地进行安排，一边放下书包。

"你怎么知道我们喜欢吃什么？我们也去！"是啊，女孩子对吃的一般都有严格的要求，吃什么当然要自己决定啦！娜娜和安琪拿出钱包，放下书包就要去点餐。

"iPad 放这里没问题吧？"安琪意识到自己抱着平板电

脑不方便，就要将其放在餐桌上。

"不行啊！被人拿走了咋办？"娜娜提醒道。

"那还是放书包里吧！"想来想去，安琪还是觉得放书包里比较好。

三人把书包扔座位上，就去点餐了。排了一会儿队，终于买到了各自喜欢吃的东西，重新回到座位。

"快把 iPad 拿出来，边吃边玩！"晓天催促道。

"好好好！"安琪放下汉堡，就到书包里拿 iPad。

晓天和娜娜翘首以待。

"啊？iPad 不见了！"安琪大惊失色。

"别着急，再找找，会不会放错了，放我们书包里了？"娜娜一边安慰安琪，一边就到自己书包找。晓天和娜娜的书包里也没有，安琪急得都哭了。

"哎，小朋友，赶快报警吧！"这时，快餐店的工作人员提醒道。

三人报了警，警察赶来调出监控录像，很快就发现了小偷，安琪的 iPad 也失而复得。

安琪感悟

1. 如果没有必要，贵重物品不要带到学校。

2. 不要在大街上、公共场所等人多的地方炫耀自己的财物，这样很容易成为不法分子的目标。

3. 一旦被人故意靠近或者撞击时，要提高警惕，以防不法分子偷盗财物。

晓天：大家一定要注意自己的人身、财物安全！

1. 平时尽量少带财物，随身携带的现金要放在贴身口袋或者书包内较为隐蔽的位置。

2. 购物时，不要随手将钱包放在柜台上，以免忘记或被坏人盯上。

3. 在人群比较拥挤的地方，很容易因为挤、碰、蹭导致财物丢失，所以经过这样的地方，一定要时刻提高警惕，看管好自己的随身物品。

4. 如果不小心遇到抢夺财物的坏人，为了保护自己的人身安全，可以放弃财物来保护自己，尽量记住不法分子的相貌特征等，事后向老师反映或者报警。

安全
宝典

九、精彩课间，秩序保障

对晓天他们这些六年级学生来说，每天上学很紧张，比上学更紧张的是上课，比上课更紧张的当然就是课间操了。课间操？开玩笑吧！那不是难得的休息活动时间吗？算了吧！课间操只有短短的 30 分钟，这 30 分钟还要包括老师的拖堂时间、下楼时间、上厕所时间、站队时间、做操时间。当然了，站队要既快又好，磨磨蹭蹭站不好是要被扣分的，被扣分可是要挨批的。

哎，李老师好容易留完作业，走出教室门，课间操的音乐就奏响了。"大家快速下楼站队！"班长安琪一声号令，大家紧急行动。"真不幸！我们离楼梯那么远！"晓天一边抱怨着，一边随着人流往楼梯移动。

"大家不要拥挤，注意安全！"在楼梯拐角处，李老师看着人潮涌动，不得不提醒大家。"啊！好吓人！"看着汹涌的人流，安琪也不得不一声叹息。

"安琪，快点！还要去卫生间呢。"娜娜有些忍不住了，一边拉住安琪一边拨开人群就要往楼下跑。

"慢点！危险！"安琪一边提醒娜娜，一边小心翼翼地扶着楼梯扶手。

"啊！"正在快速下楼的娜娜突然发出一声惨叫。

"娜娜，快扶住楼梯扶手！坐好！"安琪看到娜娜滑了一下，意识到情况危险，赶紧扶娜娜靠着楼梯坐好！

看娜娜紧紧地抓住楼梯，安琪抓住扶手小心翼翼地挪到娜娜侧面，用身体护着娜娜，然后朝着楼梯上方喊："有人摔倒了，大家不要拥挤！"

听到安琪的呼喊，刚才还汹涌澎湃的人潮，渐渐安静了下来。大家看到安琪的举动，自觉地为她们让出空间。

"娜娜，怎么样？"这时，人少了，李老师也发现了娜娜的情况，赶忙过来。

"老师，我不小心崴到脚了！"娜娜怯怯地看着李老师说。

"来，我背你到医务室！安琪，你帮老师拿着东西！"李老师将书本交给安琪，自己蹲下，让娜娜爬上她的背。

"李老师，我可以跳着走！"看着李老师瘦弱的身躯，娜娜实在不忍心。

"上来吧！都怪老师刚才拖堂，让你们那么紧张！"李老师看到娜娜的样子，很自责。

来，我背你到医务室！

"李老师，你别说了！都是我们不好！娜娜你就听李老师的吧！"安琪一边安慰李老师，一边把娜娜扶上老师的背并帮李老师站起来。

娜娜在医务室做了处理，休息了两天，逐渐康复了。可是，安琪、李老师、学校对于这件事的思考还在继续。

安琪感悟

安琪：在公共场所应该怎样避免踩踏呢？

1. 举止文明，人多的时候不拥挤、不起哄、不制造紧张或恐慌气氛；发现不文明的行为要敢于劝阻和制止。

2. 尽量避免到拥挤的人群中，不得已时，尽量走在人流的边缘；应顺着人流走，切不可逆着人流前进，否则，很容易被人流推倒。

3. 若自己被人群推倒后，要设法靠近墙角，身体蜷成球状，双手在颈后紧扣，以保护身体最脆弱的部位。

4. 在人群中走动，遇到台阶或楼梯时，尽量抓住扶手，防止摔倒。

晓天：遭遇拥挤的人群怎么办？

1.发觉拥挤的人群向着自己行走的方向拥来时，应该马上避到一旁，但是不要奔跑，以免摔倒。

2.若身不由己陷入人群之中，一定要先稳住双脚。如有可能，抓住一样坚固牢靠的东西，例如路灯柱之类，待人群过去后，迅速而镇静地离开现场。

3.遭遇拥挤的人流时，一定不要采用体位前倾或者低重心的姿势，即便鞋子被踩掉，也不要贸然弯腰提鞋或系鞋带。

4.在拥挤的人群中，要时刻保持警惕，当发现有人情绪不对，或人群开始骚动时，就要做好准备保护自己和他人。

5.当发现自己前面有人突然摔倒了，马上要停下脚步，同时大声呼救，告知后面的人不要向前靠近。

晓天
感悟

十、智斗校园滋扰

最近，学校附近总有一些不务正业的中学生组成的混混团伙不断滋扰放学的学生，他们或者强行要钱，或者骚扰女生，这让安琪、娜娜她们很困扰。不过，学校也已经在各个层面做好安全防范，并向大家传达了自我保护方法。

这天放学，安琪和娜娜像往常一样结伴同行，她们一边猜测着那些小混混的凶恶程度，一边讨论着应对方法。不知不觉，她们就走到了校园拐角的小路附近，只听见："快把钱掏出来，不然就……""糟了，遇到小混混了！"安琪和娜娜神色凝重起来。怎么办？还是先看看情况吧！

刚好，路口有一棵树，二人藏到树后，小心翼翼地向小路上张望——三个十五六岁的中学生，手里拿着匕首，正凶巴巴地指着一个二年级小男生；小男生吓得尿了裤子，想哭却不敢哭："哥哥，我没钱，放了我吧！"

"好过分！我们得帮帮那个小弟弟。"安琪再也看不下去了。

"不行啊！我们斗不过他们！"娜娜说的也是实情。

"别废话！快拿钱出来，不然就见不到你妈妈了！"这时，凶神恶煞般的声音又传过来。

"没时间了，我们去吧！"见此情景，安琪和娜娜义无反顾地冲出去。

"喂！你们那么多人欺负一个小孩，丢脸不丢脸！"安琪勇敢地喊道。

"你们放了他快走吧！我们就不追究了！"娜娜也勉强装出一副女侠的风范。

"哈哈！两个小丫头口气不小啊！"三个小混混见是两个小姑娘，毫不在意。

"别废话，快放了他！"安琪吸了一口气，尽量大声地说。

"小丫头还挺漂亮的，跟我们一起走吧！哈哈！"其中一个染了一撮黄毛的高个子男生嬉皮笑脸地对安琪她们说道。

"对啊，放了他，你们跟我们走，怎么样？"说着，另

外一个小个子男生就要对安琪动手动脚。

"救——"娜娜正要呼救，却被一个穿着破洞裤子的男生捂住了嘴。

正在这时，晓天和光辉经过，安琪故意咳嗽了一声。还好，晓天转头发现了她们的危险处境。就在安琪满怀期望地等待晓天他们救援的时候，晓天和光辉却离开了。

"哎！谁也靠不住，还得自救！"娜娜失望地想。

"行，你先放了他，我们就跟你们走！"安琪一边应对着小混混们，一边在想办法。

"小子，走吧！今天算你幸运，明天别让我再遇到你！"高个子男生将小男生推了一下，狠狠地说道。

"不许动！举起手来！"就在这时，晓天和光辉带着两位警察叔叔过来了，三人被带到了派出所。

安琪
感悟

1.平时活动时，尽量结伴而行，不要单独行动，更不要单独前往娱乐场所、游乐场所。

2.遭遇抢劫或者流氓欺负时，不要惧怕，要沉着应对：要问清缘由、弄清是非，既不畏惧退缩、避而远之，也不随便动手，一味蛮干，而应晓之以理，机智应对，妥善处置。

3.女同学更要随时提高警惕,提高自我保护意识,不和陌生人往来,不爱慕虚荣。

晓天：校园滋扰并不可怕，掌握武器就可以避免伤害。

1.充分依靠组织和集体的力量，积极干预和制止外部滋扰行为。如发现流氓滋扰事件，要及时向老师或学校有关部门报告；要注意团结和发动周围的群众，对滋事者形成压力，迫使其终止滋扰。

2.注意策略，讲究效果，避免纠缠，防止事态扩大。

3.自觉运用法律武器保护他人和自己。面对流氓滋扰事件，既要坚持以说理为主，不要轻易动手，同时又要注意留心观察、掌握证据。

安全宝典

第二章　居家篇

一、钥匙不见了，别慌

今天有动画片《海贼王》的更新，放了学，晓天抓起书包就往家里跑。"嘿嘿！我是要成为海贼王的男人！"晓天一边往家赶，一边喊着路飞的名言，喊的时候连他自己都觉得热血沸腾。

有路飞的激励，就是跑得快，一会儿工夫，晓天就到了自家楼下。可是，等了一会儿电梯就是下不来，算了，爬楼梯吧！"橡胶——橡胶——"爬楼梯的时候晓天又兴奋地喊起路飞的另一个名言。

呵呵，热血澎湃，晓天很快就到家门口，赶紧摸钥匙。咦？

钥匙哪里去了？书包里没有，口袋里也没有，这可怎么办？哎，妈妈出差了，还是给爸爸打个电话吧。"老爸,我找不到钥匙了,你快回来吧！"晓天向老爸央求道。

"晓天，爸爸正开会，要晚一会儿才能回去。钥匙是不是忘到学校了，你再回去找找！"爸爸正在忙，晓天只好返回学校。

幸好，值日生还在做值日，晓天进到教室，找了一圈，还是没有。仔细回想一下，糟了，早上换了衣服，钥匙在那件衣服的口袋里。晓天只好再给爸爸打电话。可是爸爸的会议还没结束，晓天只好先到爸爸单位等他一起回家。

到了爸爸单位，刚才热血澎湃、精神十足的晓天已经是满脸疲惫和委屈了。可是没办法，谁让自己那么粗心，自己种下的错误就让自己来承担吧，晓天大无畏地拿出作业一边写一边等。

等啊等，爸爸终于开完了会，二人在街上吃完饭后一起

回家。

"终于到家了，爸爸快开门！"晓天累得靠着墙催促爸爸道。

"糟了，我的钥匙也不在！"爸爸摸了半天也没有摸到。

"不会吧？会不会在车里？"晓天很是失望，但还存有一线希望。

二人赶紧返回楼下，在车里找了一遍，还是没有。"爸爸，你仔细回想一下，钥匙会在哪里？"棒棒提醒爸爸道。爸爸想啊想，终于想起来早上换衣服，钥匙忘带了。

"只好向 110 求救了！"爸爸无奈地说道，"你好！钥匙锁家里了，请帮忙找个开锁公司。"110 的警察提供了开锁公司的电话，爸爸赶紧联系，对方承诺 20 分钟内赶到。

"爸爸，不好意思说我了吧？"等待的时间，晓天对爸爸调侃道。

"我们是半斤对八两，都要好好吸取教训啊！"爸爸依然底气十足。

1. 每天出门之前，检查钥匙、书本是否带齐，以免出现忘带的情况。

2. 家里钥匙要随身携带好，如果发现钥匙丢了，要及时告诉家人，并注意周围是否有人尾随。

3. 如果钥匙忘在家里，要及时联系父母，并在安全的地方等待他们回家，不要随意试图翻越窗户。

4. 如果父母的钥匙也锁在家里，就要打 110 请警察告知开锁公司电话，不要随便找人开锁，以免造成财产损失。

晓天感悟

平时不管出门还是在家一定要注意门锁安全，做好安全防范。

安全宝典

安琪：平时不管出门还是在家一定要注意门锁安全，做好安全防范。

1. 不管出门还是在家，一定要记得反锁房门，这样可以减少被盗的危险。

2. 如果钥匙不慎丢失，一定要及时更换门锁，以防万一。

3. 晚上睡觉之前，除了反锁房门，还要锁好窗户。

4. 随时检查自家门外是否有奇怪的记号，若有要及时擦掉，以免被小偷盯上。

二、哎哟！拉肚子

周末到了，爸爸妈妈都有事，安琪一个人在家。一个人在家的好处显而易见——没有人唠叨，没有人管束，想做什么就做什么，想吃什么就吃什么。当然了，任何事物都有它的两面，一个人在家的坏处也是有的——做完了想做的事，吃了想吃的东西之后，就会觉得家里好冷清，好无聊；还有，最直接的后果就是没有可口的饭菜吃。

这不，安琪写完作业，看看电视、玩玩电脑、吃吃零食，很快就到中午了，肚子也开始咕咕叫了。人都不在，只好自己到厨房看看了，打开冰箱，除了水果，就是蔬菜啊、肉啊，

得了，做的也不好吃，干脆出去吃吧。

拿着钱，带着饥饿的肚子，安琪很快来到了附近的小吃街。哇！人还是那么多，小吃还是那么丰富！咦，这里有涮串，好香啊！安琪来到涮串的摊位前，看看这个、选选那个，最后挑了一大把："老板，帮我涮这些！"

女老板接过那一把菜串，麻利地将它们放进汤锅里。汤锅正咕嘟嘟地滚开着，里面的蔬菜叶子正随着滚浪起伏，那香味也随着热气四散开来。别人的串串已经涮好了，看着那晶莹剔透的串串，安琪忍不住想流口水。"老板，好了吗？"安琪看着那浓稠的汤锅，忍不住催女老板。

"这就好了！共5块钱。"女老板一边用手从作料盒里捏了一撮作料撒在串串上，一边拿出一个泛黄的碗。

"好，给你钱！"安琪掏出 5 块钱给了女老板。只见女老板就用刚才抓作料的手接了钱。看到这里，虽然心里有些厌恶，可是串串的香味扑鼻而来，安琪还是接过装着串串的碗坐下来开吃。

吃完了串串，那喷香的滋味让安琪回味无穷。啊，口渴了。看看有什么可以喝的。冰糖梨？自制老酸奶？甘蔗汁？还是喝酸奶吧！"老板！一盒酸奶，给钱！"安琪挑了一个草莓口味的。

边走边吃，等安琪回到家，酸奶已经喝完了。"乱七八糟的午餐也很爽啊，呵呵！"安琪心满意足地倒在沙发上，一副懒懒的模样。

"哎哟！肚子好难受！"正在睡觉的安琪被肚子里的翻江倒海折磨醒了。赶紧穿上鞋子，往厕所跑。蹲了好长时间，终于轻松点，安琪重新回到客厅，喝了口水。刚把水咽下，肚子又开始闹腾了，没办法，安琪又往厕所跑。安琪的肚子就这样来回折腾着她，直到妈妈回来给安琪吃了药才好些。哎，街边小吃貌似很好吃，却要付出代价啊！

安琪感怕

1. 小吃摊很难保证食品卫生，不要在街边小摊随便吃东西、喝东西。

2. 不吃生、冷、不清洁食物，不吃变质剩饭菜，不要长期吃辛辣食品，不要随便吃野果，吃水果后不要急于喝饮料特别是水。

3. 谨慎选购包装食品，认真查看包装标识，查看基本标识，厂址、电话、生产日期是否标示清楚、合格，查看市场准入标志（QS）。

4. 养成良好的卫生习惯，勤洗手，特别是饭前便后，用除菌香皂或洗手液洗手。

安全
宝典

腹泻时很难受，但是掌握一些治疗方法会对自己有帮助。

1. 治疗腹泻，最重要的是对症下药。如果是感染性腹泻，应选用敏感抗生素控制感染；如果是消化不良所致，应从调理饮食入手；如果是胃肠功能紊乱引起的，可选择调节植物神经功能的药物及镇静剂等等。如果偶尔发生腹泻，可尝试黑莓根、洋甘菊茶、覆盆子叶。

2. 腹泻常用药：思密达、吸附性止泻药，对任何类型的腹泻都适用，但会影响其他药物及矿物质的吸收，所以不可长期服用。培菲康、整肠生、妈咪爱、微生物制剂，对老人、儿童和体质较弱的患者，有利于腹泻好转和尽快康复。易蒙停，适用于因交感神经兴奋导致的腹泻或慢性腹泻，但出现水样腹泻且伴随有腹胀、发热等细菌感染症状时不应使用。

三、小心烫伤

晓天很喜欢踢球，球场上畅快淋漓的奔跑让他有一种自由奔放的感觉；而踢完球后，大汗淋漓地沐浴着和风又很惬意。这天，晓天像往常一样，踢完球带着一身臭汗，沐浴着刺骨的寒风就回家了。

家里还真是暖和，晓天脱了衣服，换上凉拖鞋，觉得很是口渴。"妈，我渴了！"说着晓天就要取饮料。"这么冷的天喝什么饮料啊？喝开水最好！"妈妈一向很注意养生，"妈妈要炒菜，你自己烧水啊！"

"哦！知道了。"说着，晓天就拿了烧水壶接了一壶水插上电开始烧水。
很快，水就烧开了。
可是晓天已经渴得
嗓子快冒烟了，他
随手取出一个玻璃
杯，就要往杯子里
倒水。

"晓天啊，先
往杯子里倒一点水，来回晃晃，这样杯子就不会炸了。"妈
妈一听见水开了，就赶紧提醒晓天。

可是，还是晚了。小天刚把水壶放下，就听见"砰"的
一声，玻璃杯炸了；紧接着就是"啊——"的一声惨叫。

"晓天！"妈妈听见惨叫，条件反射一般冲出厨房，来
到餐厅，只见晓天捂着脚，地上散落着玻璃碴，水滴从餐桌
上一滴滴落下来。"严重吗？妈妈看看！"妈妈把晓天的脚
抱到胸前，看着红彤彤的脚，妈妈的眼泪都出来了，"别动
伤处，我去拿水来。"

"没事，妈妈，你别担心！"晓天看到妈妈眼眶都红了，
突然觉得很自责。

"来，把脚放水里。"妈妈飞快端来了一盆水。

"啊，好凉！"原来是冷水，晓天刚把脚放进水里，就

冷得赶紧缩回了脚。

"忍一忍，烫伤一定要先用凉水冷却一下伤处。"妈妈虽然很心疼，但还是耐心地劝说儿子。

晓天也不忍心让妈妈担心，只好咬着牙将脚继续放入盆里浸泡。泡了大约10分钟的时间，晓天已经冷得想打冷战。妈妈赶紧将他的脚抱出来，并用干净的毛巾拭去水珠。"等一下，妈妈拿蜂蜜去。"妈妈小心地将晓天安顿到客厅沙发上后，就赶紧去找蜂蜜。

"蜂蜜？"晓天很是费解，难道喝蜂蜜可以治烫伤？

妈妈很快拿来了蜂蜜。她抱起晓天那只烫伤的脚，用勺子舀了一勺蜂蜜倒在伤处，然后拿着棉签小心地涂抹起来。

幸亏，妈妈处理得及时又妥当，晓天的脚几天就好了。

天　感

晓　悟

　　1.严寒季节，把刚烧开的水往凉玻璃杯里倒很容易让杯子炸裂；要先倒一点热水晃晃杯子，让杯子暖起来再倒水，这样就不会发生炸裂现象了。

　　2.如果不小心被烫伤，要先用凉水把伤处冲洗干净，然后把伤处放入凉水浸泡半小时，但伤处已经起泡并破了的，不可浸泡，以防感染。

　　3.浸泡之后可在受伤处,擦上淡盐水、蜂蜜、猪油、生姜汁中的任何一种，这些都可以治疗轻微烫伤。

安全宝典

被烫伤后，处理得当很重要，将了晓天介绍的方法，我们还可以这样：

1. 手足皮肤烫伤后，立即把酒精倒在盆内或桶内，将伤处全部浸入酒精中，即可止痛消红，防止起泡。若浸 1—2 小时，烫伤的皮肤可逐渐恢复正常。如伤处不在容易浸泡的部位，可用一块药棉浸入白酒中，取出贴敷在伤处，并随时将酒淋在药棉上，以防干燥。数小时后也能收到良好的效果。

2. 皮肤被油或开水烫伤后，可用风油精、万花油或植物油（如麻油）直接涂于伤面，皮肤未破者，一般 5 分钟即可止痛。

3. 发生小面积烫伤时，立刻涂点牙膏，不仅止痛，且能抑制起水泡。已起的水泡也会自行消退，不易感染。

4. 如出现发烧，局部疼痛加剧、流脓，说明创面已感染发炎，应请医生处理。轻度烫伤，经过清洁创面涂药后，不必包扎，以使创面裸露，与空气接触，可使创面保持干燥，并能加快创面复原。

四、可疑的敲门声

　　一个狂风大作的傍晚，爸爸加班还没有回来，妈妈去照顾生病的姥姥，晓天一个人在家。平时，晓天很喜欢一个人在家，并且很享受那份自在；可是那个傍晚，窗外嘶叫的风声让晓天心里发毛。不仅写作业坐不住，连玩电脑都心不在焉的，一会儿起来摸摸窗户有没有关好，一会儿起来看看门有没有锁好。

　　"天，我是不是得强迫症了！"看了一遍又一遍，门窗都关得好好的，晓天开始怀疑自己有问题。"不然，给爸爸打个电话吧，可是打扰到爸爸不说，还让爸爸笑话自己胆小

鬼。"想到这里，晓天强迫自己坐下来去写作业。

"丁零——丁零——"可是刚坐下来，连作业本还没打开，晓天就听见门铃响了。晓天猜想是爸爸回来了，兴奋得赶紧去开门。可是，走到门口，晓天突然想起来，要是爸爸的话，他会因怕打扰自己写作业而直接拿钥匙开门的。

"丁零——丁零——"门铃又响了两声。晓天踮起脚尖，从门镜里往外看，只见外边一个戴墨镜、穿休闲服的男人正在门口东张西望。"糟了，鬼鬼祟祟的，八成是坏人！"晓天心想。

"天天，快开门啊！我知道你在家呢！"晓天看到那个男人一边警惕地四处张望，一边朝屋里喊话。

"天，他怎么知道我的名字？不要吭声？不行！还是智斗歹徒吧！"晓天一边观察外边的情况，一边想办法应对，"叔叔，你是谁啊？"

"我是你爸爸的朋友，小时候还抱过你呢！你爸爸在神仙居吃饭，让我来接你！"外边那人勉强笑着，用一副温和的腔调说道。

"那我爸爸叫什么名字啊？"晓天一边拖着时间，一边拿出手机。

"呵呵，你这孩子真逗，别闹了，快开门，别让你爸爸等急了！"外边那人有些着急了。

"哦，那我给爸爸打个电话说我一会儿就到。"晓天将计就计拨通了爸爸的电话，"爸爸，救命，外边有坏人想骗我！"

"天天，别怕！把门反锁好，报警，我马上就到家。"爸爸在电话里鼓励晓天勇敢应对。

而此时，外边那个人正趴在门上听里面的动静，当听到晓天的话语，说了句："混蛋！这死小子还真不好对付！"这句话刚撂下，拔腿就跑，生怕落到警察手里。

小天使

1. 独自在家时，要锁好院门、防盗门，关好窗户。

2. 如有人敲门，先从猫眼观察或隔门问清楚来人身份，如是陌生人，不开门。

3. 如有人以推销员、修理工等身份要求开门，可说明家中不需要这些服务，请其离开；如有人以家长同事、朋友或远方亲戚身份要求开门，也不能轻信，可请其待家长回家后再来。遇到陌生人不肯离去，坚持要进入的情况，可以声称要打电话报警，或到阳台、窗口高声呼喊，向邻居、行人求援，以震慑迫使其离去。

安 全
宝 典

1. 各公司上门服务时，工作人员均会携带工作证件。有陌生人敲门，应要求其将工作证件出示在门镜处。若有疑问，还可拨打其所在公司服务电话询问，其员工编号均可在其公司查到详细资料。

2. 如果敲门的陌生人很可疑，可以先报警，同时向小区物管或者邻居求助，不要轻易开门。

3. 如果陌生人用蛮力破门而入，要在保护自身安全的前提下与其周旋并向外界传递自己危险的消息；如果暂时无法向外界传递消息，可以先满足坏人索取财物的目的，牢记坏人的特征，等自己危险解除的时候再报警。

五、煤气泄漏了

　　安琪总是被爸爸妈妈的亲朋好友夸赞乖巧，每次被夸赞的时候她都装作很谦虚。而实际上，安琪才不想被人夸赞为"乖乖女"呢，"乖乖女"在大人眼里是好孩子，在同学眼里却是没个性。

　　安琪常常在想：要不是爸爸妈妈工作忙，自己从小被教育得不仅能独立生活，还可以帮忙做些家务，才不会在外人眼里那么乖巧呢。可是，没办法，十几年的教育和习惯，安琪在家里做乖乖女已经是一件很自然的事情了。

　　这天周末，安琪写完作业，肚子已经咕咕作响了，看看

时间都11点半了，可是爸爸去单位加班，妈妈在家里赶稿子，看来午饭又要自己动手了。

安琪洗洗手，就进了厨房，"啊，什么味儿啊？"一进来就闻到一股怪味，"难道是什么东西坏了？"安琪赶紧看看菜篮子、米袋子、冰箱，可是一切都安然无恙啊！

"八成是我鼻子出问题了！"想到这里，安琪摇了摇头，就拿出盆子，放了一些米进去。淘好米，安琪正要去蒸米，却不小心碰到了煤气管线。"咦？怎么一股凉风！"安琪很是惊讶，就把另一只手也放在煤气管线上，"啊！煤气泄漏了！怪味也是从这里来的。"

"妈妈，咱家煤气泄漏了！"安琪赶紧跑到书房，将此

事告诉妈妈。

"安琪，听妈妈说，不要用电器，不要点火，赶紧把厨房窗户打开到外边去，妈妈这就打电话给燃气公司，然后去找物业。"听到安琪的报告，妈妈很快做出反应。

听妈妈说完，安琪赶紧回到厨房，打开窗户，又检查了燃气阀门是关闭状态，这才放心地走出厨房。而此时，妈妈也找到了燃气公司的电话，二人锁上门，拿上手机就出门了。

到了楼梯间，妈妈迅速拨通燃气公司电话，告之燃气泄漏情况。燃气公司叮嘱了注意事项，答应20分钟之内过来处理。之后，妈妈和安琪又来到物业公司，报备了情况。

很快，燃气公司的工作人员就过来了。经过检查，是煤气管线老化，工作人员换掉管线，确保不再漏气才离开。而物业公司为了确保安全，又挨家挨户检查了煤气管线是否还有老化现象。

1. 如果发现家里煤气泄漏，要立即关闭煤气的阀门，打开门窗通风，并向有关部门报告，以便查明原因，对泄漏处进行及时维修，避免发生恶性事故。

2. 不要在家里使用电话，要到屋外远离漏气的场所打电话通知燃气公司。

3. 要防止静电产生的火花。人们一般穿脱衣服，特别是混纺、尼龙服装时，都会产生静电。一般静电电压达到 2300 伏即可引起煤气爆炸。

4. 不要开关任何电器。各种电器开关、插头与插座的插接都会产生火花，如室内泄漏的煤气达到一定浓度，都会引起煤气爆炸。

晓天：煤气泄漏如果及时发现就会挽回很多损失，那么你知道如何发现煤气泄漏吗？

1. 嗅觉——家用煤气中掺有臭剂，漏出时会有气味。

2. 视觉——煤气外泄，会造成空气中形成雾状白烟。

3. 听觉——会有"嘶嘶"的声音。

4. 触觉——手接近外泄的漏洞时，会有凉凉的感觉。

煤气泄漏如果及时发现就会挽回很多损失，那么你知道如何发现煤气泄漏吗？

安全宝典

六、突然停电了

    不像女孩子会因为裙子而喜欢夏天，晓天却因为怕热而受不了夏天。这天，烈日炎炎，又赶上足球队集训，一个小时的训练之后，晓天的衣服都湿透了。

    "哎呀！累死了！"下了球场，晓天气喘吁吁的。可是他也顾不上休息一下，抓起书包，穿着被汗水浸湿的衣服就往家里跑。哎，六年级了嘛，时间很宝贵啊！

    "好热！好热！"一回到家，晓天就叫唤热。

    "冰箱里有西瓜，自己拿啊！"妈妈一边在厨房做饭，一边说。

晓天也顾不上换衣服，就去拿西瓜。哇！空调房间，吃着凉爽的西瓜，真是惬意。吃完一块冰西瓜，晓天觉得凉快多了。"妈，我房里的空调开了吗？"晓天吃着第二块西瓜，突然想起来自己房间的空调。

"屋里没人，开什么空调呢，浪费！"妈妈虽然有时候对晓天很宠爱，可是浪费的事情是坚决杜绝的。

"小气鬼！"晓天放下西瓜，就跑到自己房间打开空调，然后又到爸妈的房间打开空调。

"妈，饭好了吗？"晓天吃完西瓜，很快凉爽下来，可是肚子还是饿的。

"正煲汤呢！再等一下啊！"妈妈刚炒好一桌菜，已经汗流浃背了。

"那我先洗澡了！"晓天拿着换洗衣服就进了洗澡间。

"呵呵，出了一身汗，再洗个热水澡，真舒服！"晓天正享受着淋浴，可是突然灯灭了，洗澡水也慢慢变凉了，"停电了？不会吧，真是悲催！"

晓天顶着一头的泡沫，胡乱穿上衣服，就出了卫生间，往厨房跑："妈，怎么了？我爸还没回来啊？"

"停电了！你等一下，我给物业打个电话。"妈妈赶紧拿出手机拨了物业的电话。原来不是停电了，是晓天家的电表跳闸了。物业工作人员很快就过来将电闸恢复到正常。

"叔叔，我家怎么还没来电啊！"看到电闸已经正常，而家里还是黑乎乎的，晓天不禁着急了。

"哦，你家里还有一个总开关，要把那个开关也打开。"工作人员一边说，一边打着手电来到晓天家里，将家里的总开关也打开。就在开关打开的瞬间，屋里马上重新亮起来。

"你们家里电器开得太多了，而线路的负荷没那么大，这样很容易跳闸，以后注意啦！"物业工作人员临时又多交代了一句。

晓天感悟

1. 当家里突然停电时，可以先打电话向物业或者电力部门确认是故障停电还是自家电器超负荷跳闸停电。

2. 如果是拉闸限电或是电力线路故障，可耐心等待电力部门检查维修。家里可准备些蜡烛或者应急灯以备突然停电时使用。

3. 如果跳闸停电，这时候您可以适当关闭部分电器，合闸后继续供电；如果频繁跳闸，应请专业电工查看是否可以更换更大容量的开关，切忌随意更换，开关跳闸是避免线路超过负荷的保护措施，如果随意更换大容量开关，可能引发导线过负荷发热，甚至引发火灾。

安　全
宝　典

安全用电是我们每天都要
面对的问题，大家可以掌
握一些用电知识。

1. 要认识、了解电源总开关，学会在紧急情况下切断电源。

2. 不要用手或者导电物去接触、探视电源插座内部。

3. 学习、了解各种家用电器的使用方法，并在家长指导下使用；使用完毕、家中无人时应切断电器电源。

七、地震来了

晚饭之后，爸爸妈妈在做家务，安琪很自觉地回到自己的房间去写作业。"哇！手好疼，胳膊好酸！眼睛好涩！"安琪刚打开英语作业，就觉得手、臂都很僵硬，眼睛也难受得很。算了，先休息一下。安琪跑到厨房，拿了个苹果，一边吃一边打开电视。

"琪琪，作业写完了吗？"爸爸听见电视的声音，也来到了客厅。

"只剩下英语了！眼疼，休息一下！"安琪回答爸爸道。

"眼疼，还看电视？"爸爸向来主张作业完成才能看电视，所以看到安琪看电视，不得不说两句。

"哎呀，爸爸，今天作业太多了，写完了语文、数学，休息一下，好不好？"安琪知道爸爸的脾气，只好撒娇道。

"只许看 10 分钟啊！"爸爸拿安琪的撒娇没办法，只好妥协。

可是，安琪看着看着，觉得沙发好像在晃动，她左右看看沙发，什么都没有啊！难道是作业太多，感觉出错了？不对啊，灯光好像也不对劲，安琪迅速抬头看灯——灯也在晃。

"爸爸，灯在晃！"安琪赶紧叫爸爸。

"厨房的碗也在晃！"妈妈也发现了异常。

"不好！地震了！"爸爸做出判断，"我去关掉所有的电器还有燃气，妈妈快去准备干粮和水，琪琪去找收音机、应急灯。"

爸爸安排之后，三人分头行动，很快所有的东西处置妥当，应急物品也准备好了。"地震了，快跑啊！"这时，外边传来恐惧的声音。

"现在还不确定是什么程度

的地震，在没有剧烈的晃动之前，我们要赶紧到附近的公园避难，我们一起走楼梯，要快！"听到外边的骚动，爸爸尽量用平静的声音带领家人避难，"你们先出去，我把电源关掉！"

"琪琪，把这个穿上！"妈妈一边出门，一边给安琪穿上件衣服。

"爸爸快点，我们不会死吧！"安琪一边下楼，一边担忧地问道。

三人迅速来到楼下，小区里已经有很多人。爸爸拿出手机准备询问爷爷奶奶的情况，可是始终无法接通。"琪琪，快把收音机给爸爸！"爸爸接过收音机，插上耳机，调到本地频率。

"地震了，快，大家快到附近的广场、公园，这里高层建筑密集，不安全。"听完消息，爸爸赶紧向大家传播这个消息。这时，手机短信响了，说的是同样的消息。大家很快都知道了消息，纷纷向安全地点疏散。

1. 发生地震后千万不要慌乱，如果是在室内，赶紧关闭火源，然后躲在坚固家具下面，在没有桌子等可供藏身的场所，也要用坐垫等物保护好头部。

2. 如果时间充裕，方便户外避险，可以紧急携带水、收音机、应急灯等物品，不要带太多其他东西。

3. 避难时要步行，尽量少携带东西。绝对不能利用汽车、自行车避难。不要害怕余震，不要听信谣言，应当用携带的收音机，把握正确的信息。

安琪感悟

安
宝 全 典

地震并不可怕，平时做好准备，危险发生时正确应对就会减少危险。

1. 避震应选择室内结实、能掩护身体的物体下（旁），易于形成三角空间的地方，开间小、有支撑的地方，室外开阔、安全的地方。

2. 避震时身体应蹲下或坐下，尽量蜷曲身体，降低身体重心。抓住桌腿等牢固的物体，保护头颈、眼睛，掩住口鼻。

3. 正在上课时，要在教师指挥下迅速抱头、闭眼、躲在各自的课桌下。在操场或室外时，可原地不动蹲下，双手保护头部，注意避开高大建筑物或危险物。震后应当有组织地撤离。

八、有毒的家具

　　快上中学了，为了节约时间，更为了上中学方便，爸爸在小学、重点中学之间买了新房子。这不，刚装修好，全家就搬了进来。

　　"哇！新房子真好！"收拾好屋子，晓天迫不及待地到处参观。

　　"住着新房子，可得考上重点啊！"爸爸见晓天兴致正高，趁机激励道。

　　"爸，你烦不烦！"晓天最烦家长天天唠叨"小升初"的事情，赶紧转移话题，"嘿，我的房间真不赖，谢谢老爸

老妈！"

"你喜欢就好……"说着，妈妈就要扯到"小升初"上，还好，及时打住了。

"爸，好像有怪味啊！"在新房子里待了半天，晓天感觉有点呛。

"新房子就是这样，住一段时间就好了。"爸爸安慰道。

"对了，天天，快把橘子拿过来，我们把橘子吃了，橘子皮放到家具里，这样可以吸收一部分毒气。"妈妈也觉得鼻子好难受，这时想起来别人介绍的祛毒经验。

晓天从厨房拿过来一兜橘子，一家人坐在客厅里开始大

吃橘子宴。一会儿工夫，茶几上就剥了一堆橘子皮。

"妈，我吃不下了！"晓天吃了好多橘子，实在吃不下了，只好向妈妈请示。"乖，你再剥点，我榨汁给你喝！"妈妈兴高采烈地建议道，可是晓天看见橘子都要反胃了。"妈，我去把他们放到书柜里！"晓天抓了一大把橘子皮赶紧跑开了。

就这样，三个人给家具里到处都放上了橘子皮。刚开始，怪味有所减弱，可是住了几个月之后，晓天经常觉得鼻子不透气，在家里待时间长了就觉得乏力、没劲，而爸爸妈妈也经常莫名其妙地头晕。直到有一天，妈妈看到一个关于毒家具的报道，才恍然大悟："老公，我们八成是中毒了，快找个专业机构测一下室内空气吧！"

爸爸觉得有道理，就多方打听，终于找到了一个权威可信的检测机构。这不测不知道，一测才知道家里甲醛含量严重超标，三人顿时大惊失色。随后，晓天和爸爸又上网找了好多资料，这才知道甲醛

095

超标多严重。

"爸，好吓人，我们之前真是无知者无畏。"晓天看完资料，变得深沉了。

"天哪，这么多白血病。"爸爸也吓得出了汗。

"我们还是搬回去吧，这毒气要三五年才能挥发掉，健康要紧。"妈妈提议道。

"我同意！"晓天和爸爸异口同声。

三人搬回老房子之后，之前所有的症状都没有了，一家人重新恢复了平静的生活。

晓天感悟

1. 室内比较常见的污染物包括：甲醛、苯、氨、氡等。

来源：使用黏合剂的建筑材料和家具等。

危害：嗅觉异常、呼吸道刺激、发炎、过敏、肺功能异常、肝功能异常、免疫功能异常、血液毒性、遗传毒性、致癌性等方面。

2. 装修房子，要使用正规厂家经检验的合格材料，切忌贪便宜使用不合格产品。

3. 刚装修的房子不要立即入住，要等装修材料中的有害物质挥发以后，浓度降低时再入住。

4. 入住新房之后，若有不适现象可以请专业测试机构检测室内空气质量，并请专业机构来治理室内污染。

室内空气质量不合格会造成如下不良现象：

1. 每天清晨起床时，感到憋闷、恶心等；

2. 新装修的家庭和写字楼的房间或者新买的家具有刺眼、刺鼻等刺激性异味，而且超过一年仍然气味不散；

3. 家里小孩常咳嗽、打喷嚏、免疫力下降，住新装修的房子孩子不愿意回家；

4. 家人常有皮肤过敏等毛病，而且是群发性的，离开这个环境后，症状就有明显变化和好转；

5. 新搬家或者新装修后，室内植物不易成活，叶子容易发黄、枯萎，特别是一些生命力最强的植物也难以正常生长。

安全宝典

我们怎么样辨别和避免室内空气污染对身体造成的危害？

九、科学上网

晓天他们一家已经搬回旧房子好长时间了，可是晓天最近总是迷迷糊糊，精神不振，老师甚至把电话打到了家里。爸爸妈妈以为毒气还在发挥作用，就带晓天到医院做了检查，结果出来——一切正常。

"天天，以后学校的作业做完就赶紧睡觉吧。可别把身体累坏了！"看来不是毒气的问题，那就是学习压力太大、太累的问题，爸爸提醒晓天道。

"嗯，我知道了！"晓天低着头，没精打采地答道。

"天天，晚上想吃什么，给妈说！"妈妈看着儿子萎靡

不振的样子好生着急。

"随便！我去写作业了！"爸爸妈妈对自己越关心，晓天越觉得别扭，越不想说话。晓天回到自己的房间开始写作业，而爸爸妈妈觉得晓天的表现很异常，两人边做饭边商量些什么。

晚上10点钟，一般是晓天上床睡觉的时候，可是晓天的房间里怎么还透出了灯光？妈妈发现异常，赶紧给

爸爸说。二人蹑手蹑脚，来到晓天门前，轻轻打开门——电脑上正播放着动画片，晓天戴着耳机，还不时笑呵呵的。此情此景，妈妈火冒三丈就要发作，却被爸爸劝走了。

送走妈妈，爸爸一个人来到晓天跟前："天天，不早了，该睡了！"

"啊？"面对眼前突然出现的爸爸，晓天吓得不知所措。

"动画片什么名字，一定很好看吧？"爸爸不想让晓天觉得尴尬。

"《海贼王》。我睡了！"说着晓天就关了电脑，上床睡觉了。

　　而爸爸从晓天的房间出来之后，来到书房，打开电脑，找到《海贼王》，连续看了十多集。哎，连爸爸都爱不释手，兴奋得都不想睡觉。

　　第二天，晚饭之后，爸爸说："天天，我昨天看了《海贼王》，很热血很好看呢！"晓天莫名其妙地看着爸爸，不知道爸爸葫芦里卖的什么药。

　　看晓天警惕地看着他，爸爸一把拉过来晓天："来，天天，我们来聊聊男人的话题！"晓天胆战心惊地坐下来，爸爸开始说："儿子啊，路飞真让人喜欢，你也是吧？"

　　看爸爸讨论角色，晓天逐渐放松了绷紧的神经："是啊，我也很喜欢他，他是要成为海贼王的男人，很强大，靠得住！"

　　"对啊，他有明确的目标，并且坚定不移地在朝目标努力，他每天都在进步。"顺着晓天的话，爸爸接着往下说。

　　"爸爸，我知道了，我不会再熬夜看动画片了，我要成为路飞一样的男人。"听爸爸说完，晓天就明白了爸爸的初衷。

　　"加油！儿子！"爸爸摸摸晓天的头，鼓励道。

天晓感悟

1. 网络是一把双刃剑，从网上受益还是受害，全靠自己；我们要通过科学上网，广泛受益。

2. 为了更好地利用网络，可以在每次上网前把自己上网的任务写在纸上，并且预先估计上网时间，这样上网的时候严格按计划来做就可以节约很多时间。

3. 少儿不宜的网站，不要进去，即使不小心进去，也要迅速离开。

4. 上网一定要使用安全浏览器，并安装杀毒软件定期杀毒，防范网络安全。

有节制地、科学地上网可以把网络变成朋友。

安全宝典

1. 不要把上网作为逃避现实生活问题或者消极情绪的工具，遇到问题要勇敢面对，积极分析原因，寻找解决办法，当然网络查找也是一个途径哦。

2. 在上网时，要加强自我保护意识，不要轻易在网络上公开自己的地址、电话等，收到垃圾邮件应立即删除。网络聊天时，不要随意使用视频工具。

3. 上网要有节制，不要沉迷于游戏、沉浸于影视剧或动画片；如果是适合少儿玩的游戏，适合少儿看的影视、动画，可以安排固定时间观看。

十、窗台，危险

　　这天安琪和乐乐一起放学回家，沿途的春色令她们惊叹不已——柳树的新芽像婴儿一样，一天一个样；小草慢慢露出头，每天都在生长。

　　"安琪姐姐，你说是不是有人给柳树化妆啊，它怎么一天一个样？！"乐乐惊喜地看着随风飘舞的柳枝，欣喜地说。

　　"呵呵，也许吧，这明媚的春光真让人留恋。"她们边走边欣赏美丽的春色，不知不觉就到了小区，可是说到回家，二人还真不舍。

　　"姐姐，我们打羽毛球吧！"乐乐很想在这春风里多待一会儿。

"好的，现在打球很舒服，我去拿球拍。"两人不谋而合。

　　放下书包，拿上器材，换好衣服，她们很快就来到楼下。刚好安琪家窗户下面有一块空地，二人就在那里展开了"激战"。

　　"你先发球！"安琪很有大姐姐的风范，一上来就把发球权让给了乐乐。

　　"好嘞，我就不客气了！"乐乐接到球，发了一个旋转球。

　　"小丫头，还行啊！"看到乐乐的发球，安琪才发现自己小看了她，"看球！"安琪看准球的落点，巧妙地扣杀过去。

　　"姜还是老的辣啊！"看到安琪的扣球，乐乐刚才的得意劲荡然无存，"看我的！"这次乐乐发了一个高球。

　　"乐乐，你好大的力气啊！"看到乐乐发那么高的球，安琪很是惊讶，"不好，球的轨迹好像不对！"

　　"糟了，有风，刮到树上了！"乐乐看到球落在了树上，

有些沮丧。

"乐乐，别担心，我们想想办法。"安琪一贯积极乐观，再加上作为大姐姐，她表现得很是靠得住，"对了，这棵树就在我家窗户下面，从窗户就可以够到。"

说完，二人赶紧跑到安琪家，来到目标窗户那里。那是一个飘窗，飘窗上没有栏杆，只有一层纱窗，一层玻璃。安琪打开纱窗、玻璃窗，刚好能看见球在树枝上一晃一晃。

"乐乐，给我个球拍。"安琪试了试，伸出胳膊够不到，只好接住球拍来够。拿着球拍，安琪使劲伸长胳膊，眼看这就要够到了，可还是差了一点。"乐乐，快去把扫把拿来！"

还是够不到，只好找一个比球拍更长的东西。

安琪拿着扫把，刚把手伸出去，这时妈妈进来了。

"你在干什么？危险！"妈妈看到安琪把半个身子都探在窗外，条件反射一般冲过去把安琪拉下来。安琪看到妈妈紧张的样子，赶紧说明了情况。

"落到树上，再买一个好了，多危险！"妈妈见机给二人上了一堂安全课。

安琪
感悟

1. 居住于楼房，从窗户探出头、身子都是很危险的，不要做这样冒险的事情。

2. 如果是飘窗，飘窗上一定要装防护栏杆，并且要经常检查防护栏杆是否安全可靠。

3. 顶层很危险，不要跑到楼顶玩闹。

4. 不要将楼梯扶手当作滑梯来玩，楼梯的牢固度，还有力的惯性，都容易造成事故。

居住楼房，也有很多要注意的安全事项

安全宝典

　　1.选择楼房，最好选择抗震性能好、消防设施配备齐全、物业水准高、楼道畅通的小区，这样可以减少危险系数。

　　2.在楼房尤其是高层居住，一定要加强防火、防坠意识，并且做好安全防范。

　　3.阳台最好封闭，楼房的门窗、阳台窗户的锁一定要安全牢靠，并定期检查。

第三章　心理篇

一、理智对待误会

上了六年级，晓天才开始后悔以前贪玩没好好学习。很快就要小升初了，晓天用异乎寻常的决心和毅力全身心地投入学习中。

这天，数学课上老师讲了例题之后给大家留了作业，有的人在东张西望，有的人在偷偷摸摸地玩，还有的人在苦思冥想，甚至有的人已经在奋笔疾书，而晓天就是那一种奋笔疾书的人。

晓天紧蹙双眉在作业本上认真地写着，一阵奋战之后，他的双眉逐渐舒展，嘴角上翘微微一笑。晓天很快做完了作

业，他环顾四周，老师在教室走动，大家似乎都还在埋头写作业。再看他的同桌安琪，一会儿用笔抵着下巴思考，一会儿在纸上沙沙地写着。

安琪作为全优的好学生，是晓天追赶的目标。看到安琪认真地演算，晓天很想看看她的算法和自己是不是一样，于是将目光投射到安琪的作业本上。

"晓天，你不会做可以问老师，怎能抄作业呢？"这时，老师刚好经过。

"老师，我已经做完了，我没抄！"晓天一脸委屈。

"别狡辩了，你什么时候主动交过作业？"看来老师脑子里还是晓天贪玩的样子，丝毫没有注意晓天的变化。

"老师你看，他没抄，他的算法更简便……"这时，安琪拿着晓天的作业，赶紧给老师解释。

"真是你自己写的？希望你能保持！"老师看了看晓天的作业，将信将疑的样子。

　　"老师，我会证明给你看的！"看到老师的表情，晓天心里五味杂陈，但他的声音里显示了强大的决心。听晓天说完，老师点点头就走过去了。

　　"加油！晓天！"安琪偷偷向晓天竖起了大拇指。

　　下午放学回到家，晓天就一头扎进书房，连妈妈喊他吃饭都没有听到。妈妈觉得很异常，经再三追问，晓天才讲了数学课的经历。

　　呵呵，那是你以前太贪玩了，难怪老师不相信！

　　"呵呵，那是你以前太贪玩了，难怪老师不相信！"妈妈一边开导晓天，一边鼓励道，"只要每天都有进步，老师会发现的，你也会成功的，妈妈等你的好消息哦！"

　　"我知道了，妈妈！"晓天笑着跟着妈妈到餐厅吃饭。

安全宝典

1.由于认识的差别和误区,生活中总会存在误会,所以大家一定要用平常心对待误会。

2.遭遇误会,千万不要冲动或是意气用事,要找合适的时机解除误会。

3.消除误会的最好时机是在当事双方都心平气和的时候,这时可以用真诚的态度做有效的沟通。

安琪
感悟

　　安琪：生活中常常会遭遇误会，但是如果大家有一颗开放包容的心，也许事情就容易多了。

　　1. 生活本来是五彩斑斓的，有欢笑，也有苦涩，所以生活中的每一个人都要尽量让自己开放、包容。

　　2. 由于少年儿童的心理还不成熟，老师、家长在对待孩子的问题时，一定要用发展的眼光，用实事求是的态度，用爱心来和他们相处。

　　3. 有时候有的误会是由自己的疏忽或者不完美造成的，这时要从自己身上找原因，并以此为契机完善自己，让自己变得更好。

二、嫉妒心，不可取

　　随着音乐的响起，升旗仪式很快就要开始了，安琪放下书本，组织同学们下楼。就在安琪转身招呼大家的时候，一个影子从安琪背后闪过，而安琪丝毫没有察觉。看到大家都出了教室，安琪拿起演讲稿，锁上教室门就和同学们一起下楼。

　　虽然安琪以前也做过"国旗下的讲话"，可是每次当着那么多老师、同学的面来讲话，还是有些紧张。"安琪，你怎么都出汗了？"娜娜拉着安琪的手一起下楼，却感到安琪的手心在冒汗。

"啊，我有些紧张！"安琪拿着讲稿无奈地说。

"呵呵，眼不见心不乱，你把讲稿收好，看不到就没事了！"娜娜出主意道。安琪觉得有道理，就把讲稿放到衣服口袋里。

到了操场上，大家很快站好队，按照升旗仪式的程序，国旗升起来之后就是"国旗下的讲话"，安琪拿出演讲稿，带着颗怦怦直跳的心上了主席台。

"各位老师，同学们，大家好！今天我演讲的题目是……"安琪一边面对大家做了开场白，一边打开讲稿，安琪的心"扑通"一下——讲稿上居然没有字。

"怎么回事？怎么办？"安琪一边在心里飞快地回忆着

升旗前的场景，一边想着怎么办，她的眼睛在搜寻着班主任的所在，额头上沁出了汗。班主任老师在台下看到安琪慌乱、不知所措的目光，虽然不知道发生了什么，却还是微笑着向安琪点了点头。

看到班主任的笑容，安琪深吸了一口气，让自己镇定下来，很快整理了一下思路，凭着记忆，款款讲来："今天我演讲的题目是让生活充满爱……"

虽然有的句子有些结巴，有的句子用词不当，安琪还是完成了"国旗下的讲话"，低着头、红着脸回到队伍中。凭着班主任对安琪的了解，刚才的表现绝不是安琪的作风，班主任疑惑地看着安琪。

过了一会儿，升旗仪式结束了，大家都对安琪议论纷纷，娜娜陪着安琪缓慢地走在后边："安琪，你怎么了？"

"我的讲稿上没字！下来之前还是有字的……"安琪很沮丧。

娜娜也不知道该说些什么，只好默默地陪她走进教室，走向座位："安琪，你座位上有封信？"

"啊？"安琪缓缓打开信，"对不起，我因为嫉妒你优秀，趁你组织大家下楼的时候，换了讲稿，想让你出丑。可是当看到你的镇定，听到你演讲的内容，我好后悔……对不起！"

看完，安琪长舒了一口气，脸上露出了笑容。

安琪
感悟

1. 嫉妒并不可怕，只要我们理性对待。首先要不被嫉妒者的言行干扰，努力做出更好的成绩。

2. 可以选择适当的时机，在某些方面帮助嫉妒者提高，缩小两人之间的差距，降低嫉妒产生的因素。

3. 在与嫉妒者交往时，可以有意突出自己的不足，使对方有机会得到心理上的满足，从而保持人际关系的平衡状态。

晓天：嫉妒在一定的情景下极易产生，不过，只要你愿意改正就会改正。

1.每个人的天赋秉性不同，要实事求是地看待自己的缺点、差距，接受客观现实。

2.找出自己比别人差的原因，看到努力奋斗的方向并努力去做。

3.认识到自己的优势，扬长避短，使自己的优势成为自己的骄傲。

三、网友要见面，去吗

　　除了上网学习、查资料，晓天已经很久没上网了。这天，晓天要给同学传资料，才登录了QQ。刚一上线，就听见QQ的敲门声此起彼伏。由于好奇，再加上好久没有上线了，晓天打开消息管理器，逐一看起来。

　　有加好友的，有邀请玩游戏的，还有一些群消息，哎，没意思！就在这时，

123

晓天看到一只企鹅在闪，晓天有些激动——呵呵，那是经常玩游戏的"战友"洛可可。晓天兴奋地打开对话框，只见洛可可说："嗨，好久不见！"晓天赶紧敲下："嗨，你好啊！"

就在晓天的消息发出去的同时，洛可可的消息又过来了："怪想你的，我们见个面吧！"看到这里，晓天一时不知道该怎么回复。虽然在游戏中、聊天中，他感觉到洛可可懂的又多，技术又好，很是佩服；可是说到见面，晓天还是觉得突然——关于见网友的负面新闻太多了，万一他是坏人怎么办？在晓天犹豫的时候，洛可可的消息又来了："呵呵，你该不会以为我是坏人吧？"

晓天感到自己的心理被看穿了一样，又害怕失去一个朋友，赶紧发了一个笑脸过去。

"你真没劲！"洛可可又发消息过来。

看到这里晓天突然感觉很没面子，他敲下了："见就见，有什么了不起的……"

就在他要发送消息的时候，爸爸敲门进来了。晓天看到爸爸像看到救星一样，连忙把爸

陌生人不能相信，不要见面

爸拉到电脑前："爸爸，网友要见面，怎么办？"

爸爸仔细看了聊天记录，又看了洛可可的资料，摇摇头："这人不靠谱，不要见面。"

"可是，万一他是个朋友呢？"晓天和爸爸的关系像哥们一样，所以说起话来比较随意。

"孩子，真正的朋友是可以理解你的心情，并能设身处地地为你着想，他不会约你见面，也不会因为不去见面而疏远你。"看到晓天还对那人抱有幻想，爸爸语重心长地说。

"哦，我明白了！"晓天似懂非懂地点点头。

"礼貌起见，你可以给洛可可说清楚。"爸爸建议道。

听到爸爸的话，晓天去找洛可可，可是已经被他拉到黑名单了。

哎，晓天还真是有点失望！

晓 天
感 悟

1. 网络交友一定要慎重，对于网友的见面要求，最好拒绝，真正的朋友是超越空间的，是能够为对方着想的。

2. 不要以为自己是男生就可以随便见网友，男生也可以被坏人所伤害；女生更不要与网友见面，更不要在网络上留下自己的联系方式。

3. 如果网友坚持要求见面并纠缠不休，可以与他（她）断绝往来。

安琪：由于网络的虚拟性，网友也有好有坏，同学们一定要增强辨识能力。

1. 上网时，不要因为好奇或者孤独而随意加一些网友，要设置认证条件，并严格筛选验证。

2. 网络聊天工具是一个方便有效的交流工具，利用好了可以帮助大家放松心情、交流提高，而利用不好将给自身带来伤害。

3. 不要因为新奇好玩而与网友见面，如果特殊情况一定要见面，切记要有家长或老师陪同。

安全宝典

四、谁动了我的日记

　　安琪有记日记的习惯，以前她喜欢用博客来记录生活的点滴，自从上了五年级以后，爸爸妈妈限制了她的上网时间，她只好把日记写在本上。安琪的日记本是粉红色的，上面带着一把精致的锁，虽然日记里没有什么大不了的秘密，但她还是希望有自己的一方小天地。

　　这天晚上，安琪写完作业，像往常一样打开抽屉，准备拿出粉红色的日记本记录即将逝去的一天。咦？抽屉里的摆放似乎有了变化！有人偷看日记？安琪连忙拿出日记本自己检查——日记还是锁着的状态。打开锁，翻开内页，啊？夹着的一朵小花已经不见了踪影。那朵小花是安琪的书签，也是保持日记安全的手段。

糟了！一定是妈妈偷看了日记。虽然没有记录什么不能让父母知道的事情，但是这种行为是不尊重自己、不尊重自己的隐私的坏行为。

安琪越想越生气，直接奔到客厅冲妈妈大喊："妈妈偷看我的日记？"

妈妈正在看电视，听到安琪的声音，她被吓了一跳。再接着抬头看到安琪气得脸红脖子粗的，妈妈才意识到自己似乎做错了，可是想到自己毕竟是妈妈，她说："妈妈是关心你，怕你有什么压力又不敢和妈妈说，所以才……"

原想着妈妈要是承认错误，她就撤退，可谁知妈妈竟然这样说，安琪更加生气了："没想到妈妈是这样的人，我看错你了，以后什么都不给你说了！"说完安琪气呼呼地回到自己的卧室，留下震惊的妈妈在客厅。

妈妈这才意识到自己错了，安琪不再是那个小不点儿，

她长大了，她有自己的思想，也应该有自己的空间。妈妈想过去给安琪承认错误，又不好意思，于是就去书房找爸爸。

爸爸听到妈妈的叙述，只是对妈妈说："你呀你，算了，还是交给我吧！"

爸爸放下工作来到安琪的房间门口，轻轻敲门："琪琪，我是爸爸，快开门！"其实，安琪在里面也一直等着爸爸来和解，于是就打开了房门，但还是噘着嘴。

"呵呵，噘嘴可不好看啊！"爸爸讨好道，"妈妈已经意识到她错了，她托我来道歉！"

"真的？那好吧！我不生气了。不过，以后你们都不许再偷看我的东西，除非我允许。"

此刻，妈妈在外边听到了安琪的话，长出了一口气。

安琪
感悟

　　1.日记作为大家记录生活和心境的手段，同时也属于隐私的范畴，大家可以采取必要措施来保护它不被侵犯。

　　2.如果发现老师、家长等有侵犯自己隐私的情况，可以用平等、坦诚的态度和老师、家长进行沟通。

　　3.如果侵犯隐私的情况比较严重，可以使用法律手段解决。

晓天：社交中，保护自己的隐私并尊重别人的隐私很重要，大家可以注意到以下交往的距离。

1. 0—45厘米是亲密距离。这是夫妻、恋人、父母与孩子之间的距离。

2. 45厘米—1米是个人距离。朋友和熟人的问候或交谈距离。

3. 1—3.5米是社交距离。其中1—2米是人们在社会交往中处理私人事务的距离。2—3.5米是远一些的社交距离。如商务会谈通常在这个距离内进行。

4. 3.5—7米是公众距离，即公众集会时的距离。超过这个距离人们就无法以正常音量进行语言交流了。

5. 恰当的交往距离使人际关系和谐，不恰当的交往距离容易产生冲突。因此，我们要恰当运用"距离语言"，更好地保护自己的隐私，尊重他人隐私，培育良好的人际关系。

五、真正的朋友

晓天写得一手好字，要在往常，每当别人夸他字写得好，他都会扬扬得意，可是今天他实在高兴不起来。

原来下午发了中考试卷，老师要求改错之后必须家长签字。本来很平常的一件事，但是晓天的好朋友光辉考得不好不想让父母知道，还不敢违逆老师，只好求助于晓天。

"晓天，你字写得真好！"光辉向晓天套近乎。

"呵呵，那是！不过，你小子想干啥？"晓天感到光辉这会儿说好听的有些不正常，警惕地问道。

"帮忙在我的试卷上签个字，只有你才能写得像我爸的

笔迹。我请你吃 KFC！"光辉乞求道。

"小辉辉，这个忙不能帮啊！我请你吃 KFC 吧！"晓天想拒绝光辉又觉得不好意思。

"哼！这个小忙都不帮，还算什么好朋友？"看晓天不愿帮忙，光辉甩下这句话就气呼呼地走了。

看到好朋友光辉不理解自己，晓天只好背起书包闷声不响地回家了。回到家，爸爸发觉儿子不对劲，就像往常一样以哥们的态度和晓天聊起了天。听到儿子的讲述，爸爸说："天天你做得对，这才是真正的朋友。"

晓天一脸疑惑地望着爸爸："真的吗？可是光辉说我不算朋友！"

"随意附和的不算朋友，真正的朋友是能够设身处地地为对方着想，是能够真心帮助对方的。"爸爸用充满肯定的目光看着晓天。

"我明白了，可是怎么让光辉明白呢？"爸爸的支持让晓天消除了疑惑，可是新的问题又来了。

　　"你就当没有发生这件事，还和平时一样对待光辉，并且找好时机帮他补补课，还有就是一定要真心为朋友着想，真心总能被体会并理解的。"爸爸说得很温柔，听起来却很有力量。

"肯定有效！走，吃饭啦！"

　　"好的，我试试！"晓天听完爸爸的话虽然茅塞顿开，但还是不确定能不能有作用。

　　"肯定有效！走，吃饭啦！"爸爸轻轻击打了一下晓天的肩膀，笑笑，二人走向了厨房。

晓天
感悟

1.要用真心和朋友相处,真正的友谊经得起时间、空间等环境变化的考验。

2.真正的朋友是能够设身处地地为对方着想,是能够相互理解并坦诚相待的。

3.朋友相处并不在于对方能够给予你什么,而在于你愿意和对方分享什么,付出什么,分担什么。

　　安琪： 友谊是我们最宝贵的财富之一，我们要好好珍惜，真正的朋友是这样的。

　　好朋友第一种：鞭策者。我们都需要那种催我们奋进的人。

　　好朋友第二种：好顾问。当你遇到大问题的时候可以找她分析并出主意。

　　好朋友第三种：有趣的人。当你需要解压的时候，她会让你放松。

　　好朋友第四种：关心你的人。她像一个时刻关注你、关心你的人，是你随时都可以找到的人。

安全
宝典

六、开卷未必有益

　　安琪觉得娜娜今天有些奇怪——平时只要一下课，她就会凑过来和安琪说说笑笑、玩玩闹闹，可是今天她居然会安静地在她的位置上认真地看着什么。

　　"嘿！在看什么啊？这么认真？"安琪有些好奇，就直接走到娜娜的位置上。

　　"啊？吓我一跳！"娜娜看得太投入，以至于安琪过来都没有发现。

　　"哈！《星座让你幸运每一天》，你还信这？"安琪将书一把抢过来，打趣道。

"嘘——别让老师听见，我也帮你看看。"娜娜一边让安琪不要声张，一边又热情地邀请安琪。

"哼！没有科学依据，我才不信呢！"安琪不屑道。

"你别不信啊，星座说我今天健康指数两颗星，我果然开始流鼻涕、阿嚏不断……"娜娜煞有介事地描述道。

"打住打住！你这是要现身说法啊？你只是感冒了！"安琪继续调侃。

"你是天秤座吧？星座说你今天人际关系紧张，你看看你今天就和我不友好！"看安琪这样，娜娜赶紧把话题转移到安琪身上。

"我算是明白生搬硬套是什么意思了！"安琪很无奈地说，这时瞥见老师进来了，赶紧提醒娜娜："赶紧收起来！"

娜娜兴致正高，就在她反应过来的时候，老师已经来到了娜娜身边。

"什么时候还在看闲书？"老师边说边拿起书，娜娜早已吓得脸色苍白。

"我——"娜娜明白这在老师眼里岂止是闲书，没收是小事，关键是还要请家长。

"竟然是传播封建迷信的星座书？你太让老师失望了！"老师看到品学兼优的娜娜竟然看这种书，一下子就生气了。

"老师，我错了！我再也不敢了！"娜娜向老师承认错误。

"老师，你就原谅娜娜吧，她也是第一次！"看到好朋友"有难"，安琪适时帮腔道。

开卷未必有益
······

"开卷未必有益！我说过多少遍了，要读书还要读好书！"老师语重心长，"你们马上要升中学了，时间多宝贵！"丁零零，上课铃响了，娜娜连忙说："是！我知道了！"

看到娜娜诚恳的样子，老师也不再追究，只是说："开卷未必有益！"

安琪
感悟

1.书籍是我们的朋友，好书是进步的阶梯，是心灵的慰藉。

2.读书也要有选择地读，低俗、庸俗、媚俗的书会对读者起反作用，一定不要读这些书。

3.要善于利用时间读书，也要合理安排时间读书。

4.可以和老师、家长一起商定一个书目，并在大人的指导下制订一个读书计划，按计划读书。

安全宝典

读书也是有技巧的,
大家来交流一下。

　　1.除了买书来读,大家还可以充分利用图书馆,包括学校图书馆、公共图书馆。

　　2.不同的书可以选择不同的读书方法,资讯类、休闲类的书可以采用浏览的方法,知识类的、文艺类的书可以详细阅读。

　　3.读书的同时也要思考,有的书边读还要边做读书笔记,甚至还要写心得。

　　4.读书要博览还要精读,并且有耐心,能够坚持。

七、好紧张啊

　　为了考上名校，大家都使上了浑身的劲，晓天也以前所未有的热情投入到紧张的学习生活中。眼看着就是小升初的择校考试了，一股强大的气息笼罩在晓天的周围，压得他喘不上气来。

　　这天，晓天回到家，换好衣服就开饭了。坐到餐桌前，看着满桌的饭菜，晓天一点儿胃口都没有。

　　"天天，这都是妈妈特意给你做的营养餐，来，吃鱼！"妈妈看到晓天连筷子都不愿意动，就夹了一块鱼放到了晓天碗里。哎，妈妈这么辛苦，就吃两口吧，晓天夹起鱼看了看，

随便咬了一口，面无表情地嚼着，剩下的又放回碗里。

"天天，这鱼可是妈妈特意跑了几个超市才买来的新鲜鲈鱼，多吃点吧！"爸爸看着晓天一副无精打采的样子，劝他多吃饭。

听到这里，晓天的心里咯噔一下："为了给我补充营养，为了我能考个好成绩，妈妈好费心思，我要是考不好咋办？"越想越觉得胸闷，呼吸不畅，晓天赶紧端起汤碗喝个精光，然后转身回到自己的房间。

"唉，是不是我们给孩子的压力太大了？"看着晓天的背影，妈妈心疼地说。

"压力是必需的，关键是怎么面对并化解压力，我来想想办法。"除了心疼，爸爸想到的是怎么帮帮晓天。

在爸爸妈妈为他费心伤神的时候，晓天掏出作业本正在写作业。哎，今天这题怎么一个都做不来？！看着似曾相识的数学题，晓天的心怦怦直跳，被一种强烈的恐慌感笼罩着。

盯着那些数学题好久，晓天还是一点思路没有，没有办

法只好换英语作业来做。哎，平时读两下就能记住的英语单词今天刚记住就忘了。怎么办？什么作业都做不好，这能考上好学校吗？一想到这里，晓天更加紧张慌乱，便一头倒在床上。尽管脑子很累，眼睛很酸，但躺在床上，晓天一点都睡不着，像烙饼一样在床上翻来覆去。

"天天，别睡了，我们来杀一盘。"这时，爸爸端着围棋来了。

"哦，我烦着呢，不想玩！"晓天没精打采地说。

"来吧来吧，老爸我难得陪你杀一盘，赶紧吧！"爸爸继续劝说。

"好吧，就一盘！"晓天拿爸爸没办法，只好起来迎战。

瞧，二人你来我往，正在酣战，晓天已经完全投入，脸上也有了难得一笑，呼吸也均匀多了。

晓天
感悟

1. 有考试带来的压力很正常，适当的压力以及正确对待压力将会把压力转化为学习的动力。

2. 某些压力是由于准备不足所引起的，为了克服这一压力，应在平时打好基础，做好知识积累，准备充分了就可以接受任何检阅了。

3. 某些压力是外界因素带来的，父母、老师等大人的过高期望都会给孩子带来巨大的压力，大人应当根据孩子的实际情况帮孩子制定适当的目标，让目标成为动力而不是压力。

安全宝典

安琪：考前焦虑并不可怕，我这就给大家传授一些减压的方法哦！

1. 面对父母的压力，可以说："爸爸妈妈，你们对我要求这么高，我对你们也有很高的要求哦！比如，不要……不要……"这样就可以将压力适当转移。

2. 压力太大时，不要闷在心里，可以找信任的人尽情倾诉，从这种交流活动中可以得到一些轻松感。

3. 大家还可以采用自我暗示法，比如："我早就准备好了，正要借这次考试检验学习成果！"这样可以将压力转化为兴奋。

4. 在大考前，可以适当调整学习生活节奏，并安排适当的放松活动，比如听音乐、看电视、做运动。

八、认识青春期

　　天渐渐暖和，厚重的棉衣逐渐被轻薄的单衣所取代。春夏原本是安琪喜欢的季节，可是这个春夏之交让安琪很是烦恼。

　　这天，安琪洗完澡回到自己的房间，一声不吭地到处翻腾，在找着什么东西。可能是翻腾的声音太大了，妈妈以为发生了什么事情，就赶紧来到安琪的房间。

　　"琪琪，你在找什么？"妈妈看到屋里乱七八糟的样子，忍不住问道。

　　"呃——"安琪有些羞涩，不知道该怎么对妈妈说。

看到安琪害羞的样子，又看看安琪穿着睡衣，妈妈顿时明白了，她想是时候给她讲讲那些事情了。

"哈，终于找到了！"只见安琪找到了一条白色长丝巾，"用它把自己包起来应该就看不到了。"安琪自言自语道。"呵呵，你要藏什么啊？要不要妈妈帮你？"妈妈试图创造轻松的氛围。

"妈妈你出去！出去吧！"安琪的脸更红了。

"孩子啊，你心里想什么妈妈早知道，妈妈也从那时候过来的！"看着安琪害羞的样子，妈妈想起了自己十多岁的时候，"女孩子在十多岁的时候身体发育明显，身体变化也慢慢出现，妈妈那个时候也因担心慢慢凸起乳房而害羞。"

"那你怎么办啊？"安琪听妈妈这样说，便放轻松地和妈妈说话。

"其实没什么好害怕的，随着年龄的增长这是自然而然的，每个女孩子都有这一天。"妈妈搂着安琪躺在床上继续说道，"身体开始变化的时候就像花蕾慢慢生长，你应该为这一天的到来而高兴。"

"妈妈，可是被男生看到，多不好意思啊！"安琪把她的担心一股脑儿都说给了妈妈。

"呵呵，不仅是女孩子到了十多岁身体会发育，男孩子也会啊！他们也会为自己身体的变化而苦恼呢！"妈妈趁机给安琪多讲一些。

"哦，原来我们是一样的！"安琪似乎明白了什么。"现在乳房刚刚开始发育，穿平时的内衣就好了，再过两年就要穿胸

罩了，这样才能保护好乳房。"妈妈边说，边拿起安琪刚才找到的丝巾，"用它来勒住乳房对身体可是不好啊！"

"妈妈，我知道了！像平时一样穿衣服，一样生活，没什么大不了的！"听妈妈讲完，安琪豁然开朗。

"这就对了！妈妈希望你幸福得像花儿一样！早点睡吧，妈妈回房了！"妈妈看安琪已经明白，就放心地离开了。

感

安 悟

琪

　　1. 青春期是每一个同学都要经历的人生阶段，这一时期，生理、心理都会发生一些变化，大家要理性对待而不要焦虑。

　　2. 这一时期，男女生的第二性征都开始发育，大家要注意掌握科学的知识，保护好身体，调节好心理。

　　3. 面对乳房的发育，女生不要难为情，不要随意束胸，要学习胸部保健知识，穿合适的内衣，等到15 岁左右乳房发育定型时，要穿胸罩来保护乳房。

晓天：男孩子在青春期也有很多变化，大家也不要恐慌啊！

1. 面对身体的发育，不要因为害羞而排斥与人交往，可以向父母、老师等交流自己对青春期的困惑，通过交流可以获取相关的知识并消除恐慌和焦虑。

2. 面对困惑和焦虑，一方面要了解相关的知识，一方面要注意加强锻炼、加强学习。

3. 面对处于青春期的孩子，家长一定要及时关注孩子的变化，并用科学的方法在尊重孩子的基础上给孩子讲相关知识。

九、摆脱孤独

　　原本活泼好动的晓天最近有些沉默寡言——以前一到学校就和同桌安琪一起分享快乐，一起解决难题；可是现在，他要么在座位上心事重重的样子，要么就转到后面和光辉讨论足球、游戏。

　　安琪觉得晓天的变化莫名其妙，想找晓天聊聊也没机会，只好写了张纸条："不好意思，我不知道我哪里得罪你了，请直说！"

　　晓天看到纸条，紧张得手心都出汗了。其实，安琪并没有得罪安琪，是晓天自己的问题，可是这怎么说呢，晓天只

好写道："对不起，和你没关系，是我自己有问题。"写完，晓天端坐着，用眼睛的余光看着安琪把纸条递过去，看到安琪展开纸条，赶紧把余光也收回去。

安琪看看晓天的样子觉得好笑又奇怪，但她怕晓天生气又不敢笑。等展开纸条，看到晓天的笔迹，安琪更加疑惑了。

尴尬的一天又结束了，晓天拎起书包就出了教室。回到家，晓天一副心事重重的样子，吃饭也没胃口。这不，没吃两口，就借口写作业，回自己的房间了。

这样的情况已经很长时间了，妈妈看在眼里，急在心里，可是几次试着和晓天谈心都被拒绝，只好和爸爸商量。

"八成是青春期惹的祸，我找他聊聊。"爸爸笑着说。

爸爸敲开了晓天的房门，晓天一脸慌乱，手里还有没来得及收起的杂志。那是时尚杂志，翻开的地方正是内衣广告，看到这里，爸爸用拳头轻轻碰了下晓天的肩膀，说："呵呵，我儿子长大了啊！知道审美了！"

听爸爸这样说，晓天刚才的羞报已经退去，却一时不知道怎么接爸爸的话。

　　"你现在这个年龄，正是身体发育的青春期，男生、女生身体都会慢慢发生变化，因为身体变化，心理也会发生相应的变化。"爸爸看晓天情绪有反应，就继续说。

　　"爸爸，你说这都是正常的？"听到这里，晓天终于轻松了，"我们女生的胸部慢慢凸起，看到她们我就觉得不好意思，也不好意思把困惑跟别人说，所以就把自己封闭起来，自己来琢磨。"

　　"呵呵，爸爸小时候也这样。不过没什么了，你的身体不是也有变化吗？这都是长大的标志，该高兴才对啊！"见晓天敞开心扉，爸爸继续开导道。

　　"最近我感到好孤独啊！连同桌都在怀疑她是不是得罪我了，可我又没法说实际的原因，唉！"晓天终于把藏在心里的东西都说了出来。

　　"傻儿子，敞开胸怀，接受这一切，像往常一样交往就好！"爸爸鼓励道。

　　"好嘞！谢谢爸爸！"晓天的脸上终于有了笑容。

晓天感悟

1. 青春期的变化自然而正常，不要因为身体的变化而把自己封闭起来，使自己变得孤独。

2. 可以敞开胸怀，放开自我，坦率地与人交流，坦承自己内心的想法，不要因担心被人耻笑而封闭自己，要知道大家都希望被人接纳、理解。

3. 要培养广泛的兴趣和爱好，丰富自己的生活，建立正确的友谊观。

安琪：孤独是可以摆脱的，是有方法的哦，大家可以从两个方向努力。

1. 一个方向是自己积极主动去接近别人，而接近别人的最好方法是关心、帮助他人。

2. 一个方向是通过改变自我，使别人愿意接近自己。也许并非自己不想理别人，只是不知道说什么才好，或担心别人不理自己。没关系，只要每天都能以亲切的微笑来面对他人，就会摆脱孤独，赢得友谊。

安全宝典

十、冲动是魔鬼

学习很累，压力很大，足球是晓天放松的一种方式。这天课外活动时间，晓天和朋友们一下课就换好球服来到了球场，开始踢球。晓天是前锋，光辉是中场，对峙的队伍是隔壁班的，他们班有一员猛将俗称"射门王"，很是威猛。

队长开球之后，晓天控球。瞧，足球像听话的孩子一样随着晓天奔跑的脚步在滚动。不好，前方有人拦截，这时，只听见一个声音："晓天，快把球传给我！"哦，是光辉。晓天毫不犹豫地把球传了出去，看准球飞来的方向，光辉飞快地迈动脚步，好的，顺利接球。

光辉接到球，继续带球前进，可是对方后卫盯得很紧。哇！好的，突破禁区，就在光辉要临门一射的时候，对方后卫一个倒钩把球抢走了。

对方后卫控制球一个大脚将球踢过中场，对方前锋赶紧来接球。这怎么能行？看情况不妙，晓天以百米冲刺的速度冲回去，看准球的落点，一脚将球控制住。控制住球，晓天一个转身迅速朝对方半场奔去。

好嘞，晓天的动作干净利索，连过几个人冲破中场拦截。哎呀，不好！就在晓天有些得意准备大脚射门的时候，背后有人一铲，晓天"扑通"一声一个狗啃泥摔倒在地上。

这时，裁判吹哨了。大家赶紧过来扶晓天起来，看他没有受伤，各自就重新回到自己的站位。晓天知道刚才那一脚是"射门王"铲的，站起来之后，不去发球，却气势汹汹地朝"射门王"走过去，一把抓住他的衣领。

"你想干什么？"比晓天高许多的"射门王"完全被晓天的气势吓住了，一副哆嗦的样子。

"我要把刚才那一脚还回去！"说着晓天就要上脚。

见此情形，大家赶紧过来要把两人拉开。可是晓天正在气头上，怎么拉也拉不开。而"射门王"的"男人气概"也被激发出来，也要和晓天一决高下。此时，足球场上乱作一团，二人张牙舞爪，其他人在旁边劝架也劝不住。

"快住手！"班主任老师及时出现，"你们踢个球都能打架，像什么话？"

"是他先铲我一脚，老师你看，我腿都擦破了！"晓天一脸委屈地告状道。

"他铲你不对，你也不能冲动啊！"班主任批评道，"还有你，踢球铲人多危险啊！赶紧给晓天道歉！"

"嗯——好吧！"射门王极不情愿地答应道歉，于是转身面向晓天，"对不起！"

"看老师的面子，我就原谅你了，我也太冲动了，不好意思！"晓天此时也意识到自己太冲动了。

1. 生活中，每个人都会有情绪激动的时候，但是千万不要把情绪激动发展成冲动，冲动不仅不利于个人的健康成长，还会损坏自己与他人的关系。

2. 冲动经过努力是可以避免的。

首先，要正视问题，因为世界上的事情不可能都令自己满意。

第二，要理智地分析问题，并用积极的思维方式和方法来解决问题。

第三，当处于激动状态时，尽量使自己精神放松。

第四，要适当地发泄，可以向信任的人倾诉，也可以记录在日记中。

晓天感悟

安琪：生活中不顺心的事情十之八九，面对不顺和挫折千万不要冲动，万一想冲动可以采用下面的方法缓解情绪。

1.如果在家里遇到不顺心的事情，不妨对爸爸妈妈说："让我静一静，等我想明白了再和你们交流。"暂时的离开可以缓和现场气氛，让当事双方都冷静下来。

2.如果在学校遇到不顺心的情况，不妨转移注意力，去读一本轻松的书，或者去参加文体活动。

3.不顺心想激动的时候，还可以找信赖的人倾诉，当内心的烦闷说出去之后，就会舒畅多了。

4.孩子冲动的性格也和父母有关，父母一定要有修养，不急躁、不易怒，能够用冷静理智的态度来对待孩子；另外要鼓励孩子多与同龄人交往，在交往中孩子的性格会得到锻炼。

安全宝典

第四章　户外篇

一、游泳安全

知了在树上叫着，阳光透过树叶洒在路上，偶尔也洒在晓天和光辉的脸上。晓天和光辉踢完球慢腾腾地走在眉湖边，波光粼粼的湖水映照着二人的大汗淋漓。

"热死了，热死了！"光辉不断地用手擦拭着脸上的汗。

"哎，我们游泳去吧！"晓天也热得受不了，提议道。

"这湖不错，我们这就跳进去吧！"光辉说着就要脱掉上衣。

"慢，不知道这湖水的深浅，万一有事怎么办？"虽然热得难受，但晓天还是保持着理智。

"你这臭乌鸦嘴！"光辉心里虽然也赞同，但嘴上还是嘟囔着。

"走，我们去游泳池吧，我有卡！"晓天拿出游泳卡在光辉面前晃了晃。

"好嘞！可是我饿了，我们先吃饭吧！可不能饿着肚子游泳啊！走，我请吃面！"光辉摸着自己瘪瘪的肚子说。

"难得你请客，走！"晓天笑呵呵地和光辉向附近一家面馆走去。

还好人不多，二人很快就吃完了饭，然后各自回家拿了游泳装备就朝游泳馆的方向走去。

大约半个小时，二人就到了"黄金水面"游泳馆。换了衣服，到了游泳池边，光辉就要往水里跳。晓天一把拉住光

辉，说："先做准备活动，不然一会儿溺水我可不救你！"
光辉瞪了晓天一眼，跟着晓天做起了准备活动。

"呵呵，活动开了，真舒服！跳进去，哈哈！"热身完毕，光辉就跳了进去，跳进去之后，还不忘拉晓天下水。

"啊——你小子！"晓天不及防备，已经被光辉拖下了水。

"哈哈！你来追我啊！"说着，光辉就朝前方游去。

看着光辉笨拙的动作，晓天无奈地摇摇头，说："哎，就你这水平，我让你两米！"说完，晓天也憋了一口气朝前方游去。

而此时，光辉突然觉得脚不舒服，似乎要抽筋，他有些控制不住自己，想到晓天应该在附近，就喊："晓天，帮我！"

听到朋友的呼喊，晓天赶紧游过去把光辉拖上岸。"哇！好危险，你差一点就又到深水区了！"

"啊？我都没看！我这技术这么差，后果不堪设想啊！"光辉紧张了一下，可是转而又笑着，"哈哈，那一抽筋抽得真好！"

"哎，你可真乐观！"晓天打趣道。

晓天感悟

1. 忌饭前饭后游泳：空腹游泳会影响食欲和消化功能，也会在游泳中发生头昏、乏力等意外情况；饱腹游泳亦会影响消化功能，还会导致胃痉挛，甚至呕吐、腹痛。

2. 忌剧烈运动后游泳：剧烈运动后马上游泳，会使心脏加重负担。

3. 忌月经期游泳：月经期间游泳，病菌易进入子宫、输卵管等处，引起感染。

4. 忌在不熟悉的水域游泳：凡水域周围和水下情况复杂的都不宜下水游泳，以免发生意外。

5. 忌不做准备活动就游泳：下水前必须做准备活动，否则易导致身体不适。

6. 忌游泳时间过长：游泳持续时间一般不应超过2小时。

7. 忌患急性眼结膜炎游泳：该病病毒，特别是在游泳池里传染速度之快、范围之广令人吃惊。在该病流行季节，即使是健康人，也应避免到游泳池内游泳。

安全宝典

游泳教程中最重要的是安全，要教会学员如何解决在游泳过程中突发的安全问题

1. 游泳前一定要做好暖身运动。

2. 游泳前应考虑身体状况，如果太饱、太饿或过度疲劳时，不要游泳。

3. 游泳前先往四肢撩些水，然后再跳入水中。

4. 游泳时如胸痛，可用力压胸口，等到稍好时再上岸。

5. 腹部疼痛时，应上岸，最好喝一些热的饮料或热汤，以保持身体温度。

二、动感轮滑

　　晓天有着出色的运动天赋，足球、轮滑是他的特长，只不过在学习压力之下，不得不忍痛割爱。多少时候，晓天都想穿上轮滑鞋帅气地飞奔，可是都没有机会。

　　这天，爸爸妈妈走得早，晓天一个人在家，等他睡醒了才发现马上就要迟到了。飞快地穿衣、洗漱，可时间哪够啊？怎么办？怎么办？"对了，穿轮滑鞋啊！"晓天突然想起来这个好办法。

　　晓天胡乱穿了双鞋，又拎上轮滑鞋就飞速下了楼。到楼下，晓天换上轮滑鞋，随手拎着自己的鞋就出了小区门。清

晨的马路上，人来车往，晓天在人群里、车流中穿梭前进。

"嘿，轮滑真给力！"晓天兴奋地自言自语道，"呵呵，迟到不了了！"

"喂，小同学，马路轮滑危险！快站住！"这时一个声音在晓天耳边响起。

晓天呼啸而过，回头看看是警察叔叔，只说了句"谢谢警察叔叔！"就继续朝着学校的方向飞奔而去。

"啊，这么多人，怎么过？"滑到一个十字路口，各种车辆已经将道路堵得严严实实，眼看离学校没多远了，晓天毅然下定决心，"硬闯！"

晓天在车堆中、人群中，不断地穿梭着，刚过了马路，突然咯噔一下。"不好！该不是螺丝掉了！"想到轮滑被他束之高阁好久了，只好脱下来看。

果然，右脚滑轮上的一个螺丝掉了。"眼看就到学校了，哎，倒霉，只好换鞋继续跑。"想到马上做到，晓天立即换上运动鞋继续往学校跑。

"哎，这轮滑鞋怎么这么重！"晓天边跑边看表，边后悔不该穿轮滑鞋，"哎，等我跑到教室，老师早已进教室了，拿着它不得挨批吗？"

在他想事情的时候，不知不觉已经跑到学校门口了。"你哪个班的？红领巾呢？"值周生早已进教室了，门卫还在查岗。"哦哦，在这呢！"晓天赶紧摸出红领巾戴上。"迟到了，还不戴红领巾，这学生真是一代不如一代！"看着晓天背影，门卫大爷嘟囔了两句。

气喘吁吁地，晓天终于跑到教室门口了。"May I come in？"第一节是英语老师的课，晓天只好说英文。

英语老师看到晓天气喘吁吁的，还拎着双轮滑鞋，一下子怒了："来晚了就别进了，直接到班主任那里报到吧！什么时候了，还这样！"

"哎，今天真是悲催啊！"晓天迈着沉重的脚步踱向班主任的办公室。

171

晓天
感悟

1. 练习轮滑前，应先做好准备活动，尤其是手腕和下肢各关节及韧带，要充分活动开。

2. 如有可能，应戴一些防护用具，如轮滑专用的护腕、护肘、护膝及头盔等。

3. 使用前要检查轮滑鞋的螺丝等紧固部件，以免滑行中因轮滑鞋出问题而受伤。

4. 初学者应在初学场内或规定范围内练习，或尽可能在人少的地方练习，不要任意滑行。初次学习轮滑时，最好有滑行熟练的同伴或辅导员进行辅导。

5. 禁止做危险或妨碍他人的动作，特别是在人多的公共轮滑场内，如几人拉手滑行，在速滑跑道上逆行或与大家滑行方向逆行，乱蹦乱跳，在场内横插乱跑，追逐打闹，突然停止等，这都是既妨碍他人，又容易发生危险的事情。不要在公路上滑行，最好要在人少车少的地方练习。

1. 初学者一般应选购一双"硬壳"的鞋，因为这样的鞋体不易伤到脚踝，买鞋时可以用手轻轻转动轮子，看轮子上下的平动是不是在一条直线上，轮滑鞋的外壳可以防止外来的冲击，具有保护脚部的作用。

2. 鞋的大小松紧适度，配合舒适的运动袜，防止水泡、血泡和脚的麻木等。

3. 要做好滑行者的自我保护。如练习者应学习一下关于轮滑的特点和掌握如何自我保护。另外，要配备好的护具，如护膝、护肘和头盔。

4. 练习轮滑技术（特别是初学者）最好到无车人少的广场，或者专用体育场所进行。

安全宝典

轮滑很火，但是一定要注意选择好鞋子，场地并掌握好技巧。

三、公交车上遭遇骚扰

为了节约时间，再加上公交车上还能防晒，最近安琪总是坐公交车上学。不过，根据经验和一些新闻报道，妈妈总觉得坐公交车也不是很安全。这天，安琪吃完早饭背上书包正在换鞋，妈妈又在强调安全。"妈妈，你说过多少遍了，我早都记住了！我走了！"

这天早晨似乎一切都很顺，安琪下了楼来到站台，很快就等到了要坐的公交车。眼看着公交车进站，下面等车的人都蜂拥到了前门，安琪也被挤在人群中。

"别挤了，都能上！"安琪感觉身后有人在挤，自己就快趴到别人身上了，就大喊了一声。可是没人理她，等到车门一开，大家一拥而上，安琪也在人流中被冲进公交车。

刷了卡，安琪赶紧往里走，可是早高峰人太多，安琪一方面要抓紧扶手，一方面还要把握好公交车晃动的节奏不断往后走。就在安琪举步维艰地行进时，安琪总觉得后面有人跟着她——她一走那人也走，她一停那人也停，在车晃动的时候趁机在她身上"揩油"。刚开始，安琪想车上人多，不小心碰到也很正常，可是几次之后，安琪想起来这就是妈妈所说的"公交狼"。

怎么办？惹不起，咱躲得起！安琪趁着下车的人流移到下车门附近，然后转身靠住车窗，将书包背在前面，一只手抓住吊环，一只手抓住柱子将自己保护起来。这样似乎安全多了，安琪稍稍松了口气。

"哎哟！"公交车突然又来了一个急刹车，安琪没有防备，抓扶手的手松了一下，赶紧又紧紧抓住。可是安琪突然感觉手背上热乎乎的，抬眼一看，一只手趁乱抓在安琪的手上，安琪赶紧抽出自己的手，那人却若无其事的。

　　"看我怎么整你！"安琪可不是吃亏的人，看到那人一而再地骚扰自己，她的脑子在飞快地转动着。

　　公交车又要到站了，又是一个刹车，安琪趁乱将自己的脚死死地踩在刚才那人的脚上。踩上还不死心，又狠狠地踩了一脚。只见那人一脸痛苦的表情，安琪却表现出若无其事的样子。

　　"花朵小学到了！请做好下车准备！"听到报站器响起，安琪立刻下了车。可是下车之后，她很不舒服，打算明天骑车上学。

第一招是冷冷目光。用带有威慑力的眼神与"狼"对视。尽量往女性多的地方挤，同性相互依靠着绝对安全。

第二招是寻找依靠。向司机和售票员靠。色狼因为心虚，一般不会再追赶过来。如果追赶过来，司机和售票员也会帮你的。

第三招是疾声呼叫。遇"狼"时大声喊"抓小偷"，他肯定反驳自己不是小偷，你就可以说"不偷东西，你怎么一直往我身上贴"，让"狼"无地自容。

第四招是细细鞋跟。遇"狼"时用鞋后跟踩他的脚，鞋跟是对付在公交车上"揩油"者的最佳武器。

第五招是踢他一脚，然后拨打 110，让色狼得到应有的下场。

安琪
感悟

1. 乘坐公交车时要注意不要追着公交车跑，应当在公交车停稳之后再上车，上车之后要坐稳扶好。

2. 在公交车上要看好自己的随身物品，以免被偷盗。

3. 在公交车上还要注意自己的人身安全，尤其是女生要注意做好防护，不要过度打扮，以免被骚扰。

安全宝典

四、远离烟酒

今天是安琪的生日，为了庆祝生日，也为了难得的放松，在安琪的"威逼利诱"下，爸爸妈妈终于在龙门大酒店订了一桌生日宴。订了宴会，给安琪交代了安全问题，爸爸妈妈便在家里等着安琪归来。

呵呵，难得的放松当然只要朋友们在场了，娜娜、晓天、光辉等人带着各自的生日礼物悉数到场。就在他们落座的时候，又进来两个十五六岁的少年，大家把目光投向那两个人，只见那两人一副弱不禁风的嘻哈打扮。

两人进来之后，安琪忙向大家介绍来人是自己的表哥和

表哥的同学。相互认识之后，生日蛋糕已经送上来了，在生日歌的伴奏下，安琪许了心愿吹灭了蜡烛。"来，我们一起祝安琪生日快乐！"表哥提议，大家纷纷举起饮料，"嗯？怎么不喝酒啊？""我们还是小孩，喝饮料挺好！"安琪连忙说道。

一阵畅饮之后，大家更加熟悉起来，相互交流起来各自的趣事还有明星的八卦。不过，对于安琪这些即将升入中学的少年来说，他们最想知道的还是中学到底是什么样子的。

"哥，中学累不累，是不是比六年级还累呢？"晓天朝安琪的表哥身边凑了又凑，一脸崇拜地问道。

这时，表哥的同学"哼哼"笑了两声，却也不说话，只是掏出一根烟，熟练地点着。安琪一闻到烟味就难受，看着他的样子也有些厌恶，但是看在表哥的面子上没有说什么。

"那要看自己了，不想累就会一点儿也不累！"表哥说到这里，也掏出一支烟点上，还故意酷酷地吐出两个烟圈，大家呛得直咳嗽。

"你？"晓天看到表哥的样子，一时不知道说什么。

"呵呵，你们也来一支？"表哥就要给晓天、光辉递烟。

虽然安琪对表哥的不好好学习早有耳闻，但是看到这情景还是大吃一惊。再看娜娜、光辉，他们都已经目瞪口呆了。

这时，安琪有些后悔请表哥过来，再看看表，时间也不早了，就说："谢谢大家替我过生日，今天我很开心！"

说完，安琪又转向表哥："表哥，你要再抽烟喝酒，我就告诉姨妈！"

安琪
悟感

　　1.烟草里含有对身体有害的物质，吸烟或处于抽烟的环境会对人体健康带来危害，尤其是中小学生体内的神经系统和各种器官正处在发育阶段，抽烟和有烟环境更会影响我们的身体健康。

　　2.酒精会使人的感觉变迟钝，会阻碍人的知觉发展。喝酒甚至还会影响人的肾脏功能，甚至造成酒精中毒，中小学生更要珍惜自己的身体健康，不要喝酒。

　　3.如果自己的家长有抽烟、喝酒的习惯，我们要主动劝说家长戒掉不良习惯，使我们在洁净的环境里成长。

1. 除了我们自己不抽烟、不喝酒，还要控制自己不被别人引诱。中小学生身边可能会有一些社会上的无业人员或者有些高年级学生抽烟、喝酒，我们要自觉抵制他们的诱惑。

2. 还有一些不法分子会在香烟里藏毒品，引诱中小学生吸毒，大家要时刻提高警惕。

3. 有的中小学生误以为有压力和烦心事时，靠抽烟、喝酒可以消除烦恼，这是错误的想法，因为那样只会更加损害身体，使情绪更加恶化。

有的人认为抽烟喝酒"酷""有型"，其实现是不成熟、不理智的表现，我们要远离烟酒

安全宝典

五、关爱生命，拒绝诱惑

　　花朵小学位于闹市区，近几年周边聚集了很多休闲娱乐场所。对此，家长很有意见，学校也一再强调"关爱生命，拒绝诱惑"，同学们虽然对那些场所嗤之以鼻，但是也还是会好奇。

　　这天，晓天和光辉做完值日走在放学的路上，天已经黑了。大街上华灯初上，人潮涌动。"哎，晓天，你看这辆奔驰多帅！"不知不觉二人已经走到了酒吧街，看到这一条街上的各种豪车，光辉不免有些兴奋。

　　"哇！那辆红色奥迪也不错！"在光辉的提醒之下，晓

天也对眼前的一辆跑车产生了兴趣。

"哎，你说，我们这么辛苦地学习，以后会不会开上这样的车？"正谈论着车，光辉一下子想到了将来。

"我也不知道哦！不知道那些车主什么样的。"晓天摆出一副思考的样子。

"他们肯定在里面的酒吧里，要不我们去看看吧？"光辉的好奇心一时大起。

"可是，我们不能进这样的场所！"晓天虽然也想了解一下，但是有些犹豫。

"我们偷偷进去老师也不知道，再说，只是看看就出来了！"光辉劝说道。

"只是看看就出来，说好了啊！"尽管被说得很心动，晓天还是有些担心。

二人扭捏而羞涩地走到一家酒吧门口，有两个迎宾的服务生，本以为服务生会拦阻他们，却被热情地迎进去，二人反而有些失落。

进去之后，里面忽明忽暗，灯光闪烁，大家跟着一种快节奏的音乐上下扭动，再看中间的舞台上，穿着各异的男女

在做各种扭动。

"我们走吧！这里不适合我们！"看此情形，晓天拉着光辉就要出去。

"两位小弟弟喝点吧，喝完了马上就会兴奋起来！"在他们正要走出去的时候，一个十八九岁的年轻人拦住了二人的去路。

"对不起，你认错人了！"光辉赔着笑脸，拿开年轻人的手就要走。

"来都来了，喝点儿就习惯了！"年轻人一边晃动着脑袋一边坚持。

"快走！"晓天拉着光辉以百米冲刺的速度一下子冲出了酒吧。

二人一阵气喘吁吁之后，光辉还心有余悸："幸亏跑得快，不然就要被灌酒了！"

"哪是酒，八成是摇头丸！上瘾了就惨了！"晓天道，"好奇害死人啊！我们还是认真读书吧，这个年龄读书最好！"

晓天
感悟

　　同学们在面对各种诱惑时，要坚决抵制。为了身心健康，应该做到以下几点：

　　1. 学会自律，有自我保护意识和自我约束意识，不进入各种休闲娱乐场所。

　　2. 要学会引导自己的好奇心，探索健康的东西，不要对一些娱乐场所抱有不切实际的幻想和好奇心。

　　3. 培养健康积极的兴趣爱好，参加有益身心的娱乐和休闲活动。

　　4. 学会正确引导自己的情绪，在自己情绪不好的时候可以通过和朋友交流等方式来发泄情绪，而不要到那些娱乐场所去。

　　1. 迪厅、酒吧等场所的某些非法人员会趁人不备在饮料里下药或者放摇头丸等毒品，这会使少年朋友们染上毒品，危害一生。

　　2. 赌博性的娱乐场所会使同学们染上赌博的恶习，影响身体健康，甚至会引发犯罪。

　　3. 少年朋友在青少年阶段要以读书为重，在学习之余要积极参加有益身心健康的活动，培养自己的良好兴趣。

由于猎奇的好奇心，同学们会对社会上的娱乐场所充满好奇心，但是我们要看到这些娱乐场所的危害，坚决地说"不"！

安全宝典

六、乘火车安全

　　"五一"小长假，爸爸加班，妈妈带安琪订好了火车票准备到西安去玩。虽说出去过很多次，妈妈每次出门之前，都再三强调安全问题。这不，4月30日一大早，妈妈就催着安琪起床，以免误了火车。

　　起床收拾停当，爸爸送她们进了车站就去上班了。母女二人进站之后还有半个小时才检票，安琪很是无聊，左看看右看看，还有点瞌睡。

　　"饿不？先吃点东西，还得一会儿检票！"妈妈还是心疼女儿，拿出面包。

"不饿，我想上卫生间！"安琪站起来就要去卫生间，却被妈妈拉住。"人多，我陪你去！"妈妈说着就准备带上东西陪安琪上卫生间。

"哎呀，妈妈，我又不是小孩子啦，你带着东西多不方便，我认得路！"安琪把妈妈摁在座位上，拿出手机晃了晃，"找不到你，还有它呢！"看着安琪离去的背影，妈妈还是不放心，一个劲儿地朝卫生间的方向望去。

安琪很顺利地找到卫生间并且上完了厕所，这时，一个中年女人带着小孩急匆匆地拦住安琪："小朋友，借电话用一下，我找不到孩儿他爸了！"

安琪有点莫名其妙，回去找到妈妈将刚才的经历告诉妈妈，妈妈非常肯定说那是骗子，要安琪小心。

又过了一会儿，终于检完票上了车，二人找到座位，这才松了一口气。她们坐的是两人位，对面是一个大婶、一个

大叔。安琪她们坐下之后，对面的大婶就开始热情地问她们的出行情况，妈妈警惕地和她交流着，而安琪还在为刚才的事情郁闷。这时，大婶注意到安琪情绪

不佳，就拿出一个风油精一样的瓶子递过来："小姑娘，是不是车里太闷了，来提提神！"

看到这一幕，安琪有些莫名其妙，便用眼神向妈妈求助。妈妈明白那中年妇女来者不善，便微笑着说："没事！她不想出去玩，我硬拉她出来，现在还不高兴呢！"

这时，旁边的中年男人也说话了："风油精你们先拿着，出门在外离不了！"

怎么还在说风油精的事？妈妈赶紧说："谢谢，我们带了！"

听到这里，两人的热情顿时不见了，直到西安火车站，安琪和妈妈都一直紧张兮兮的。

1.贵重财物随身带。乘车途中不要把行李特别是贵重物品交给不认识的人看管,防止不法分子见财起意、顺手牵羊。

2.个人信息莫轻谈。在与不相识的人攀谈、聊天时,不要把自己的手机号码、家庭住址、住宅电话轻易告诉他人,防止不法分子骗取钱财。

3.吃喝食物要警惕。不要吃、喝不认识的人提供的饮料、食物,防止不法分子趁机实施麻醉抢劫。

4.行李尽量放眼前。上车后将行李尽量放在自己能看得见的行李架上或座位旁,防止别人错拿或被不法分子盗窃。

5.衣物不要随便挂。不要将装有钱包、手机的衣服、小提包挂在衣帽钩上或放在车窗周围以及茶几上,钱包、手机要带好,不要暴露在外,防止被不法分子盯上成为作案目标。

安琪感悟

安全宝典

乘坐火车相对安全，但是大家还是要注意一些安全事项。

1. 进出站、上下车莫拥挤。在进出站、上下车或人员集中的地方，一定要遵守秩序，不要扎堆拥挤，随身带好自己的钱包和手机，防止小偷伺机作案。

2. 勿相信天上掉"馅饼"。乘车中不要相信他人的花言巧语，更不要被"捡到钱包共同分钱"的谎言所诱惑，因为天上从来没有掉馅饼儿的好事。

3. 买食品找正规售货员。不要随意购买非铁路部门指定的售货员出售的食品，防止食物霉烂变质引起中毒。

4. 购实名车票要到指定售票点，发现财物被盗、被骗、被抢及其他可疑情况，应迅速向车站民警或列车乘警报警。

七、网吧安全

　　晓天每天早上到学校的第一件事就是先和好朋友光辉讨论"时事动态",今早却不见了光辉的踪影。平时,光辉都是很早就到校了,今天是怎么回事呢?病了,还是?想到这里,晓天赶紧给光辉发了个短信。短信发完,晓天一直想着光辉的事情直到课间操的时间。

　　老师也觉得光辉没到校不对劲,就给光辉的家长打了电话。原来,光辉一早就背着书包出门了,不过,在出门之前和爸妈吵了两句嘴。课间操的时候,晓天才听说了事情的原委。光辉会去哪里呢?思来想去,晓天想到他会不会去网吧了。

"网吧？"光辉的爸爸听此一说，立即火冒三丈。不过，生气归生气，找人要紧，于是大家分头去找。晓天和班主任一起先找了学校附近的一家网吧。这家网吧门上贴着："不对未成年人开放！"可是当晓天和班主任走进去的时候，却

发现了很多中小学生。两人把那些学生筛查过一遍，还是没有光辉的踪影。

这时，光辉父母那边也传来未找到的消息。带着失望，晓天和班主任接着到了另一家网吧。这家网吧的门上连"不对未成年人开放！"的标志也没贴。晓天和班主任带着疑惑和焦虑走进了网吧，只见在灰暗的光线中，闪烁着无数台电脑，电脑前的人都戴着耳机，显示出一个个灰色的模糊的轮廓。二人穿梭在电脑巷道中，一股电脑辐射的味道夹杂着食品的味道、汗臭味、脚臭味，真让人窒息。

"老师，你看，那个好像是光辉！"这时，晓天突然在角落里发现了一个和光辉长得很像的背影。

"走！看看！"班主任和晓天立即向那边走去。

195

"光辉，你怎么在这里，我们都急死了！"晓天过来一把扯下光辉的耳机。

"光辉，跟老师走！"看到光辉，班主任拉起他就往外边拽。

"嗯？老师！"光辉目光呆滞，一时没反应过来。

连拖带拽，二人把光辉拉到了外边，赶紧给光辉的父母打了电话。光辉刚从那灰暗的环境出来，眼睛有些畏光，睁不开眼。再看光辉的脸色，面无光泽，有些泛黄。"晓天，赶紧买瓶水过来！"听到班主任吩咐，晓天赶紧去买。

补充了水之后，光辉恢复了些，这时父母也过来了，训了两句把他领回家了。

晓天感悟

1.青少年朋友需要使用并掌握网络工具，但是不要到网吧去上网，因为网吧的安全隐患大、空气质量不佳、电脑辐射严重，这些都会影响身心健康。

2.上网要节制，要科学，在网上娱乐要选择适合学生的游戏、影视、歌曲等。

3.青少年朋友还要抵制网络陷阱和诱惑，不相信网络谣言、不传播谣言。

安
全
宝
典

网络是一种工具，好好使用会为学习、生活带来好处，但是没有节制会带来一些危害，大家要注意哦！

1. 长时间上网要防患"鼠标手"，应在保持正确的坐姿的同时使用接触面积较宽大的鼠标，在长时间使用鼠标后，可用腕垫以休息、放松。

2. 电脑在开机状态下产生的静电，会使屏幕上吸附较多灰尘。长时间面对电脑，部分灰尘会飘移到我们的脸上，时间一长会损伤角质层，形成色素沉积，因此上网之前要注意做好脸部防护，上网之后要立即洗脸。

3. 长时间上网，眼睛会酸涩疼痛，上网半小时后要注意眼睛休息，或者远眺，或者活动活动。

八、遭遇求助

夕阳西下，此时安琪和娜娜正在放学的路上讨论着什么。

"你听说没，最近老人跌倒了都没人敢扶！"娜娜对安琪说。

"唉，人心不古啊！都不想想若是自家老人摔倒了怎么办！"安琪显然对这种现象深恶痛绝。

"话虽这样说，可是谁敢扶啊！扶起来不要紧，要紧的是赖上自己怎么办？"说到这里，娜娜一副义愤填膺的样子。

"两位好姑娘，行行好！"两人正说到激烈处，突然一个声音传来。两人侧目一看，原来是一对大爷、大妈——

身体还算健朗。

　　"我们是来城里投奔儿子的，可是找不到儿子，钱也被偷了，已经三天没吃饭了，你大娘都饿得走不动了！两位好姑娘，行行好吧！"趁安琪、娜娜打量他们的时机，那位大爷进一步痛陈悲惨经历。

　　"真可怜！我们帮帮他们吧！"听到两位老人的经历，再看看面如土色的大妈，安琪顿时产生了恻隐之心，说着就要从包里掏钱。

　　可是，娜娜看着这两个人，觉得他们身体不错，穿得也正常，不像是过不下生活的人，于是脑子飞快一转，说道："我们正要去买吃的，你们等着，我们顺便帮你买一份！"说着，娜娜拉着安琪就要到旁边的快餐店。

　　"不麻烦你们了，给我们点钱就行！"大爷看情况不对，连忙说。

"没关系，等一下啊！"听大爷这样说，娜娜更加确信他俩是骗子，拉着安琪就往快餐店走。到了快餐店，安琪从窗户往外看，两位老人转身就走，在路口又截住了新的目标。

随便买了点吃的，二人出了快餐店继续往家走。一路上，安琪都闷闷不乐，一方面觉得自己好笨差点上当，一方面又疑惑骗子怎么这么多。

走着走着，二人走到了一个十字路口，怎么回事？围了好多人！过去一看，原来是一位老奶奶摔倒在路上，行人在旁边指指点点就是没人帮忙。

安琪看看倒在地上的老奶奶想到了自己的奶奶，心想要是自己的奶奶摔倒没人帮忙会多惨，于是拨开人群就要去扶老奶奶。娜娜一把拉住安琪："大家都不管，我们也不要管了！"

"想想自己的奶奶，我们得管！"安琪说着就蹲在老奶奶身边，看看她没有受伤，就拨打了120电话。想想也是，娜娜就和安琪一起陪在老奶奶身边直到医生、家属都来了。老奶奶及时得到了治疗，安琪、娜娜得到了表扬。

安琪感悟

1. 助人为乐是我们的优良传统，我们要继承和发扬这一传统，但是社会上也有人借助大家的同情心行骗，大家一定要明辨。

2. 遇到求助的人或是需要帮助的人，在助人之前一定要通过对方的言谈举止来判断其是不是真的需要帮助的人。对于真正需要帮助的人，给予真心的及时的帮助，而对于骗子，要在保证自身安全的前提下举报。

3. 帮助别人既要真诚又要讲究技巧，要让对方感觉到尊重、平等。

1. 在街上遇到老人摔倒，大家应先检查一下老人是否神志清醒，了解一下摔倒的原因。

2. 如果是因车祸而倒地，要及时报警、打急救电话，同时保留证据。

3. 如果是突发疾病，要先了解是不是中风、心绞痛，有没有骨折，若是则不要急于搀扶，这样容易帮倒忙。应先了解原因，若患者身上有药，帮他服下，然后拨打急救电话或者通知老人家属。

4. 搬动病人时，要一个托头、胸部，一个托腰、臀部，一个托腿、脚，动作宜缓慢、平稳。

在大街上看到摔倒的老人，帮不帮？当然帮，不过要讲究技巧

安全宝典

九、骑车注意安全

　　这天是期中考试之后的假期，安琪、晓天、娜娜、光辉等人便商定一起骑车到黄河游览区游玩。好久没有出去游玩了，大家唱着、闹着就出发了。

　　在市区骑行的时候，因为车流量大、行人杂乱，大家都遵章行驶，可是一出市区，随着车流、行人的减少，一种空旷感让大家兴奋起来。

　　"哇！好清新的空气，好凉爽的风！"晓天一边喊着一边松开自行车把，充分享受着空气的畅流。

　　"哎，晓天，注意，前面有车！"安琪看到前方来车赶

紧提醒。听到提醒，晓天赶紧抓住车把，一阵惊险结束。

大家继续前行，这时，光辉突然有了新主意："我们来比赛吧，看谁骑得快！"

"好！"晓天随声附和。

说罢，二人就迅速进入比赛状态，弯腰，降低重心，费力蹬车轮，二人的车飞奔出去。

"俩大傻帽儿！"娜娜看着俩人的背影，不屑地说，"有什么好比的，出来就是放松，弄一身臭汗多划不来！"安琪极为赞同，二人便继续悠然前行。

再看晓天、光辉二人，骑出去不远便停了下来，原来晓天的车链子掉了。两人弄了一会儿，还是弄不上。"哎，真倒霉！"晓天垂头丧气的，"还有一段路呢！"

"你出来之前，也不检查一下，我服了你！"光辉埋怨道。

　　"喂！你们就别抱怨了，往前走走说不定有修车的。"
这时，安琪和娜娜也追了上来，建议道。于是，四个人都推
着车继续前行。

　　"快看，前方有修车的！"娜娜大喊一声。

　　听到喊声，刚才还垂头丧气的晓天像饿了很久的人见
到食物一样有了精神，赶紧推着车跑了过去："大叔帮我
看看！"

　　"小问题，马上就
好！"大叔接过车，蹲下来，
三下两下就搞定了。弄完，
大叔又检查了车闸："小
同学，你这车闸也有问题，
我帮你调一下！"说着，
大叔就开始摆弄车闸。

　　"哦，谢谢大叔！多
少钱？"晓天感激地说。

　　"看你们是学生，两块钱吧！"大叔豪爽地说，"要不
是遇上我，你这刹车准出问题。"

　　修完车，四人继续上路，但是经过这一次，大家对自行
车安全也开始重视起来。

晓天
感悟

1. 应经常检查车辆自身的运转情况是否正常，刹车是否有效，车胎气足不足，确保车况正常。否则，将给行车过程带来许多安全隐患。

2. 严格遵守行车规章，尤其是交叉路口要遵守交通警或指示灯的指令，行车路线、停车地点都不得违反规定。

3. 保持正常的自行车运行速度，双手扶车把，不骑"英雄车"，尤其在人多时更应谨慎驾驶。在下雨、大雾天气，骑车速度应比平时慢一些，遇有险段应下车推行。

4. 有同学、朋友多人一同行驶时，禁止在路上骑车比速度，也不得一边骑车一边说笑，更不能骑车带人。

5. 下车即上锁，远离时把自行车存入安全的地方，如公共停车场或托熟人看管防止被盗。

安全宝典

自行车是一种很方便的交通工具，安全骑行很重要。

1.你永远是非机动车，所以你在骑车的时候也永远不要和机动车去较劲！

2.你身后的司机不是全能的先知，不可能知道你在路口的时候准备左转右转还是直走，所以你最好给他一点提示。

3.刹车的意义是在于控制车的速度而不是瞬间停下，如果你想停下就必须提早刹车！

4.你是高素质的骑车人吗？如果是，请尊重路上所有会动的东西。并且牢记：任何情况下，行人和机动车都有优先通过权（行人的权利靠法律保障，而机动车的权利仅仅是因为长得比自行车强壮）。

十、野外遇险

    千盼万盼终于盼来了"五一"小长假，远的地方去不了，近的地方还是要去玩一下。这不，放假第一天，安琪、晓天等人一早就骑车朝西山出发了。经过一个多小时的骑行，他们顺利到了西山脚下。

    由于放假，再加上西山是离市区最近的景区，人好多啊！山虽然不高，但是有的地方异常陡峭，四个人在人流中艰难地"爬行"着。

    "早知道这么多人，咱们就再找一条路！"光辉在人群中一边避让一边说。

"好主意！不走寻常路才是我们的风格！"晓天随声附和道。

"要是迷路了怎么办？"安琪总是善于思辨。

"笨，我们不是带导航系统了吗？"晓天满不在乎地说。

"都快到山顶了，说也没用了！"娜娜一语惊醒众人，马上就要登顶了啊。四人抬头望了望，山顶就在眼前，于是斗志昂扬、一鼓作气地爬到了山顶。

"哇！一览众山小！"安琪诗人的情怀在微风吹拂下，立即浮现。

"终于爬上来了，我们吃东西吧！"娜娜已经饿了，一到山顶就卸下背包拿东西吃。听娜娜一说，大家都觉得饿了，一边享受着阳光，一边沐浴着春风，一边吃着东西。

"大家都吃好了吧？我们找条新路下山吧！"晓天吃完了东西，迫不及待地要去探险。

"好嘞，走吧！"光辉赞同道。而娜娜、安琪虽然觉得有些危险，但也很好奇没人走的道路到底是什么样子。

四人在山顶勘探了一会儿，在灌木丛中发现了若隐若现的一条小路，于是兴奋地朝小路奔去。刚开始还好，植物还比较高大，大家走起来很顺利，可是越往下，植物长得越密实，走起来好困难。安琪和娜娜穿的是马裤，腿上被那些植物划了好几下，好疼。晓天和光辉虽然也有些后悔，但还是强作欢颜鼓励两位女生："很快就出来了，再坚持下！"

"我们八成迷路了，赶紧求救，再走下去就会离人群越来越远。"安琪抬头看看天，西边有些阴，不免有些担心，"天快阴了，再不回到正路，我们就完了。"

听了安琪的话，大家觉得有道理，就赶紧拨电话，可是没信号。怎么办？最原始的办法，喊吧，于是四人使出全身的力气喊道："救命啊！"

连续喊了5分钟，终于听到回应。他们又等了半小时，景区的工作人员终于将他们解救出来，并引导他们走上了下山的正道。

211

1. 在野外迷失方向时，切勿惊慌失措，而是要立即停下来，冷静地回忆一下所走过的道路，想办法按一切可能利用的标志重新制定方向，然后再寻找道路。最可靠的方法是"迷途知返"，退回原出发地。

2. 在山地行进，为避免迷失方向，节省体力，提高行进速度，应力求有道路不穿林翻山，有大路不走小路，如没有道路，可选择在纵向的山梁、山脊、山腰、河流和小溪边缘，以及树高林稀、空隙大、草丛低疏的地形上行进。要力求走梁不走沟，走纵不走横。

3. 攀登岩石的基本方法是"三点固定法"，即两手一脚或两脚一手固定后，再移动剩余的一手或一脚，使身体重心上移，不要跨大步和抓、蹬过远的点。

4. 在行进中不小心滑倒时，应立即面向山坡，张开两臂，伸直两腿，脚尖翘起，使身体尽量上移，以减低滑行的速度。

安琪感悟

野外活动可能遇到一些伤病，掌握方法很必要

安全宝典

1. 防治蚊虫叮咬：在野外人员应穿长袖衣和裤，扎紧袖口、领口，在皮肤暴露部位涂搽防蚊药。不要在潮湿的树荫和草地上坐卧。被昆虫叮咬后，可用氨水、肥皂水、盐水、小苏打水、氧化锌软膏涂抹患处止痒消毒。

2. 防治昏厥：野外昏厥多是由于摔伤、疲劳过度、饥饿过度等造成的。遇到这种情况，不必惊慌，醒来后，应喝些热水，并注意休息。

3. 防治中暑：中暑的症状是突然头晕、恶心、昏迷、无汗或湿冷，瞳孔放大，发高烧。此时，应立即在阴凉通风处平躺，使全身放松，再服十滴水、人丹等药。发烧时，可用凉水浇头，或冷敷散热。如昏迷不醒，可掐人中穴、合谷穴使其苏醒。